香事渊略

传承香火的美好之书

潘奕辰／著

机械工业出版社
CHINA MACHINE PRESS

本书分为六章，在古籍中探寻香事文化的起源与流变，精挑细选与香事文化有关的实用性知识，深入浅出地为读者介绍香料种类、香品选择与熏香方法等内容，并提供经验式的指导。字里行间渗透着作者对香事文化内涵的深入解读，对现代人志趣的人文关怀。

图书在版编目（CIP）数据

香事渊略 / 潘奕辰著. — 北京：机械工业出版社，2020.6（2024.11重印）

ISBN 978-7-111-65478-0

Ⅰ.①香… Ⅱ.①潘… Ⅲ.①香料–文化–中国 Ⅳ.①TQ65

中国版本图书馆CIP数据核字（2020）第069176号

机械工业出版社（北京市百万庄大街22号 邮政编码100037）
策划编辑：丁 悦　　　　　责任编辑：丁 悦 张清宇
责任校对：梁 倩 肖 琳 责任印制：孙 炜
北京华联印刷有限公司印刷

2024年11月第1版第2次印刷
145mm×210mm·6.875印张·3插页·118千字
标准书号：ISBN 978-7-111-65478-0
定价：99.00元

电话服务　　　　　　　　　网络服务
客服电话：010-88361066　　机 工 官 网：www.cmpbook.com
　　　　　010-88379833　　机 工 官 博：weibo.com/cmp1952
　　　　　010-68326294　　金 书 网：www.golden-book.com
封底无防伪标均为盗版　机工教育服务网：www.cmpedu.com

目录

中国古代的香事文化

中国古人的嗅觉审美

当下人的香生活

中国和日本的香文化对比

第二章

香的古今

中国古代的香事文化

中国传统的香事文化到今天已有三千年的历史，但古人自发的、原始的用香方式却有近五千年的历史，中国人自古以来对于香的使用和需求几乎是随着人类文明史的发展进程而发展的。宋代丁谓所著《天香传》中云："香之为用从上古矣。所以奉神明，可以达蠲洁。"

中国人最初用香可以追溯到上古时期，也就是从夏商周起，甚至更早人们就开始使用香料，为他们的生活而服务。据史书记载，舜帝首次在登基大典上使用了燔木升烟这样隆重的仪式。

那时候，人们对于大自然有着许多不解与崇拜，无论是天、地、山川还是祖先等，都要祭祀。祭祀的时候大多会用人们认为珍贵的物品供奉，比如，打猎得到的动物，用粮食酿的酒，采自大自然的各种鲜花、植物，等等。在这里面，等级最高的是用香草、香木晒干后绑成火把状，或者直接堆放在户外点燃，就是所谓的烟祭。古人认为，这些浓浓的烟可以架起人与天地沟通的桥梁。因此，一直到清代，凡是每年国家隆重的祭祀大典、祭祀先贤等仪式，都离不开焚香。

香与传统节日

香在古代除了用于祭祀，还有一项特别重要的职责，那就是养生。人们利用芳香物质本身具有的杀菌、除障等功效，在日常生活中完美运用，使其很好地祛除居住环境中的异味以及疗疾医病。

三月三、五月五、七月七、九月九是中国几个重要的传统节日，三月三和五月五是为了避春瘟，七月七和九月九是为了避秋瘟，人们会在这几个日子里用一些香草祛除各种瘟病。比如，三月三人们会用泽兰和芍药，泽兰可以祛除身体表面的寒邪，芍药可以祛除身体内在的病症；五月五人们会在门口挂上艾草、菖蒲，也会在河水与井水里放些硫黄，以杀病菌；七月七以后阳气渐渐弱下来，女孩用巧手缝制香包，并在里面放上各种提升阳气的香料，送给心上人；九月九登高采阳，佩戴茱萸，以避秽恶之气和抵御寒冷。

除此以外，大部分传统节日、节气都要用香。冬至也叫冬节或小年，早在周朝时期，人们就非常重视这一天。《汉书》有云："冬至阳气起，君道长，故贺。"意思是，冬至这一天为阳气开始回升的日子，因此要有一些庆祝活动。这一天，白天最短，夜晚最长；阴气最盛，阳气始升，俗称"一阳始升"。

古人有"冬至大如年"的说法，一般这一天开始要放假，好好休息，立春后再工作（古人的休假制度真好）。皇帝要在这一天参加盛大的祭祀活动，祭祀时焚香是必不可少的。香通三界，一朝之君为整个国家祈福，也要借助香的通达之效。古人要对付这寒冬腊月，其中一个"必杀器"就是手炉。在一些影视剧中大家应该都见过，做工精美的手炉，被一个个美人抱在怀里，既能取暖又能熏香，岂不是一举两得！

春节是所有中国人都很重视的节日，春节的活动基本从"腊八"就已经开始了。腊八这一天除了煮腊八粥、泡腊八蒜外，还要祭祖敬神。腊八正好是刚刚过了冬至，一阳始升，人们体内的阳气很弱，阴气很盛，因此，腊八这一天也要配合着

香 的 古 今

熏香，以使体内微弱的阳气受到保护。香本身即为纯阳之物，可以提升人体阳气。

"二十三，糖瓜粘"，指的是腊月二十三这一天要祭灶王爷。祭灶王爷在我国是一项影响很大、流传极广的民间习俗。一家人在黄昏时到灶房，摆上桌子，向设在灶壁神龛中的灶王爷敬香，并供上用饴糖和面做成的糖瓜等。

"腊月二十四，掸尘扫房子"的风俗由来已久，就是年终大扫除，北方称"扫房"，南方叫"掸尘"。这一天要去除所有的晦气，所以，在打扫房间的同时还要焚烧大量的驱疫辟晦的香。

腊月二十五接玉皇。旧俗认为灶神上天后，天帝玉皇于农历腊月二十五日亲自下界，查察人间善恶，并定来年祸福，所以家家都要设香案，供奉果品，祭之以祈福，称为"接玉皇"。

腊月二十九是除夕前一日，叫"小除夕"，家家置办酒宴。人们往来拜访，叫"别岁"；焚香于户外，叫"天香"，通常要三天。

腊月三十是除夕，指每年农历腊月最后一天的晚上，它与春节（正月初一）首尾相连。除夕中的"除"字是"去，易，交替"的意思，除夕的意思是"月穷岁尽"，人们都要除旧布新，有"旧岁至此而除，来年另换新岁"之意。故此期间，人们设立香桌、香案，摆放香炉及各种供品祭祀，所有活动都围绕着除旧布新、消灾祈福展开。

正月初一是春节。子时一到，接神仪式就开始举行。有的到"子正"之时，即午夜零点接神，有的则在"子正"之后方接。接神仪式在天地桌前举行，由全家的最长者主持。按方位叩首礼毕后，肃立待香尽，再叩首，最后将香根、神像、元宝锭等取下，放入早已在院中备好的钱粮盆内焚烧。焚烧时同燃松枝、芝麻秸等。接神时鞭炮齐鸣，气氛极浓烈。接神后，将芝麻秸从街门铺到屋门，人在上面行走，噼啪作响，称为"踩岁"，亦叫"踩祟"。"岁"与"祟"同音，取新春开始驱除邪祟的意思。

正月初二祭财神。这天无论是商贸店铺，还是普通家庭，都要举行祭财神的活动。各家把除夕夜接来的财神祭祀一番。

正月初三烧门神纸。这天要把年节时准备的松柏枝及所挂门神、门笺等一并焚化，以示年已过完，又要开始营生。

正月初四迎神接神。正月初四是诸神由天界重临人间之时，供品方面，三牲、水果、酒菜要齐备，还要焚香、点烛、烧金衣。

正月初五俗称破五。破五前过年期间的诸多禁忌过此日皆可破除。破五习俗除了破除一些禁忌外，主要是送穷、迎财神、开市贸易。正月初四子夜,备好祭牲、糕果、香烛等物,并鸣锣击鼓、焚香礼拜,虔诚恭敬迎财神。

正月初九是天界最高神祇玉皇大帝的诞辰,俗称"天公生",天公就是玉皇大帝。祭拜天公的仪式相当隆重,在正厅天公炉下摆设祭坛,前面中央为香炉,炉前有扎红纸面线三束及清茶三杯,炉旁为烛台。

正月十五元宵节,也叫元夕、元夜,又称上元节,因为这是新年第一个月圆夜。有吃元宵(或汤圆)、观灯会、猜灯谜等习俗。元宵节期间,是男女青年与情人相会的时机,所以元宵节又成了中国的"情人节"。

香与服饰

现代人在着装上是很讲究的,除了内衣内裤、外衣外裤等这些必须穿的,不可缺少的还有一些装饰品,比如耳环、项链、戒指等。但是,对于香身香体这个至关重要的环节,我们做得还很不够,只有一些讲究的人出门之前要喷一些香水,而这些人大多数是学习的西方文化。现在,我们回过头来看看古人过着怎样精致的生活吧!

战国时的屈原是一位著名的政治家、诗人,也是当时楚国的官员大夫。他的生活品质、审美观可是极高的，他认为人的内在修养和外在修饰都很重要，缺少哪一方面都不行。这在他的诗中可以略见一二，《离骚》中有三十多处提到了他对香料的喜爱："扈江离与辟芷兮，纫秋兰以为佩……佩缤纷其繁饰兮，芳菲菲其弥章。"江离、辟芷、秋兰都是香草名，他把这些香草编织起来披挂在身上，以显示高贵的人格和品质。

西晋时期石崇"金谷别墅"宴客的记载也体现了当时王公贵族用香的奢侈和普遍。根据《晋书·刘寔传》等书记载，石崇的厕所修建得华美绝伦，准备了各种香水（香料煮的水）、香膏给客人洗手、抹脸。经常有十多个女仆恭立伺候，一律身着锦绣，打扮得艳丽夺目，列队侍候客人上厕所。客人上过厕所后，这些女仆要把客人身上原来穿的衣服脱下，侍奉他们换上了新衣才让他们出去。凡上过厕所的人，原来的衣服就不能再穿了，以致客人大多不好意思上厕所。官员刘寔年轻时很贫穷，无论骑马还是徒步外出，每到一处歇息，从不劳累主人，砍柴、挑水都是自己动手。后来官当大了，仍是保持勤俭朴素的美德。有一次，他去石崇家拜访，上厕所时，见厕所里有绛色帐子、垫子、褥子等极讲究的陈设，还有婢女捧着香袋侍候，连忙退出来，笑对石崇说："我错进了你的内室。"石崇说："那是厕所！"刘寔说："我享受不了这个。"遂改进了别处的厕所。

可见中国古人讲究起来也是达到了一个极致的水准。这个记载虽然是个特例，但也说明中国古代贵族阶层不仅有文化，而且有品位，其生活细节精致讲究的程度不输于西方贵族。

东汉末年的谋士荀彧（著名的政治家、战略家），是曹操统一北方的首席谋臣和功臣，官至侍中，守尚书令。因其任尚书令，居中持重达十数年，处理军国事务，被人尊称"荀令君"。荀彧对外足智多谋，对自己的衣着装扮也追求极致，一丝不苟，他非常喜欢将自己的衣服熏得极香。

《襄阳记》中记载："荀令君至人家，坐处三日香。"唐代"大历十才子"之一的李端曾献诗："熏香荀令偏怜小，傅粉何郎不解愁。"唐代王维在《春日直门下省早朝》一诗中写道："骑省直明光，鸡鸣谒建章。遥闻侍中佩，暗识令君香。"唐代李顾在《寄綦毋三》中写道："新加大邑绶仍黄，近与单车去洛阳。顾眄一过丞相府，风流三接令公香。南川粳稻花侵县，西岭云霞色满堂。共道进贤蒙上赏，看君几岁作台郎。"唐代李百药在《安德山池宴集》中写道："朝宰论思暇，高宴临方塘。云飞凤台管，风动令君香。"

身为一名国家要臣，出入之处也是极其讲究和奢华的地方，那么自身着装要精致，气味也不能含糊。后世诸多名人为

之称赞，说明中国古代贵族是非常注重仪容仪表的，这不仅是对自己的尊重，也是对于别人的尊重。

古人不仅注重衣着，配饰、熏香皆不省，而且沐浴时也会用到香料。《九歌·云中君》记载："浴兰汤兮沐芳，华采衣兮若英。"当时的人已经懂得用香草治病，《孟子》有云："今之欲王者，犹七年之病，求三年之艾也。"在远古时期，沐浴源于疗疾，后来发展成为一种礼仪，凡是参加重大活动之前都必须沐浴，例如祭祀、礼佛等，表示身心纯净。加入香料后，使得沐浴在洁净的同时，增添了治病的功效。

现在我们通常把沐浴称为洗澡，而在古代，沐，濯发也；浴，洒身也；洗，洒足也；澡，洒手也。由此可见，沐浴和洗澡在古代不是一个意思，洗的部位不同，只有把沐浴和洗澡加在一起，才是现在洗澡的意思。

香与情感

古人在很多时候喜欢用一些美好的事物表达自己的情感，就像西方人求婚时会送玫瑰，而中国人比较羞涩，有些情感不好直接表达，那怎么办呢？古人云："相赠以芍药，相招以文无。"芍药还有一个别称叫江蓠（谐音"将离"）， 文无就是中药里的当归。也就是说，如果他不喜欢你了，就会送你一朵芍药花，你收到了，就赶快离开他吧！如果一个人想你了，想让你回来，就会寄一片当归，你收到了，理解了他的意思，就赶快回家。

《诗经》中《郑风·溱洧》讲述："维士与女，伊其相谑，赠之以勺药。"这里讲的是三月三上巳节，国家规定青年男女要在这一天到河边对情歌，白天看对了眼，晚上就可以约会了。这是农业国家为了拥有更多的劳动力和战士，以便耕耘土地，获得更多的粮食和扩大国土，才制定的政策。这句话的意思是，一对男女在河边打情骂俏，那女孩撒娇地对男孩说："你要是不喜欢我，就送我一朵芍药花吧。"这和现代女孩子对情人说"讨厌"是一个意思，是正话反说。

屈原在《离骚》中，也用香料的特性比喻人的品性。例如："兰芷变而不芳兮，荃蕙化而为茅。何昔日之芳草兮，今直为此萧艾也？岂其有他故兮，莫好修之害也！余以兰为可恃兮，羌无实而容长。委厥美以从俗兮，苟得列乎众芳。椒专佞以慢慆兮，樧又欲充夫佩帏。"意思是，兰草和芷草失掉了芬芳，荃草和惠草也变成茅莠。为什么从前的这些香草，今天全都成了荒蒿野艾。难道还有什么别的理由，都是不爱好修洁造成的祸害。我还以为兰草最可依靠，谁知华而不实虚有其表。兰草抛弃美质追随世俗，勉强列入众芳辱没香草。

这就是古代文人，骂人都不带脏字。古人的浪漫是融在骨子里的，他们可以用大自然中的任何一处美景，生活中的任何一件器物或者一片香草来表达他们如此丰富的情感。

香与茶

古人喝茶与焚香是密不可分的。北宋词人李之仪有词云："茶瓯变乳随汤泛，香篆萦云尽日浮。"南宋文学家陆游在《梦游山寺焚香煮茗甚适既觉怅然以诗记之》中写道："毫盏雪涛驱滞思，篆盘云缕洗尘襟。"由此可见，古人喝茶之时必定焚香。

宋代喝茶的方法是点茶法，就像现在日本茶道中的抹茶一样，将蒸青的嫩绿茶末放在一个比较大的碗中，加入开水，再用茶筅打出乳白色的沫，喝的时候连茶沫带茶汤一并喝下。"茶瓯变乳"与"毫盏雪涛"是一个意思，指茶器中白色的茶沫。喝茶的同时，篆香在一旁泛起袅袅云雾，此乃嗅觉和味觉的极致享受。篆香还有计时的作用，大的篆香可以燃烧十几个小时，诗中"尽日浮"便说明时间很长。焚香也有养德养性的功效，"洗尘襟"就是洗去烦恼，去除俗事繁忙带给人的骚扰。偷得浮生半日闲，真是神仙般的生活。

在《长物志》里，特别用了一篇来讲香和茶："香、茗之用，其利最溥，物外高隐，坐语道德，可以清心悦神。初阳薄暝，兴味萧骚，可以畅怀舒啸。晴窗拓帖，挥麈闲吟，篝灯夜读，可以远辟睡魔。青衣红袖，密语谈私，可以助情热意。坐雨闭窗，饭余散步，可以遣寂除烦。醉筵醒客，夜语蓬窗，长啸空楼，冰弦戛指，可以佐欢解渴。品之最优者，以沉香、芥茶为首，第焚煮有法，必贞夫韵士，乃能究心耳。"

这段文字前面几句来自明代屠隆的《考槃馀事·香笺》："香之为用，其利最溥。物外高隐，坐语道德，焚之可以清心悦神。四更残月，兴味萧骚，焚之可以畅怀舒啸。晴窗塌帖，挥尘闲吟，篝灯夜读，焚以远辟睡魔。谓古伴月可也。红袖在侧，秘语谈私，执手拥炉，焚以薰心热意。谓古助情可也。坐雨闭窗，午睡初足，就案学书，啜茗味淡，一炉初热，香霭馥馥撩人。更宜醉筵醒客，皓月清宵，冰弦戛指，长啸空楼，苍山极目，未残炉爇，香雾隐隐绕帘。又可祛邪辟秽，随其所适，无施不可。"

文震亨把其中一些句子改了一下，与他们同时代的高濂也在《遵生八笺》中借用了这段话。屠隆、高濂和文震亨这三位在明代可是不一般的人物，屠隆比文震亨大四十多岁，可以算是文震亨的前辈，高濂比文震亨大十二岁。屠隆不仅是清官，而且多才多艺，文章、诗词写得好，还擅长曲艺，自己写剧本，自家有戏班子，并且喜欢游历，文人雅士的爱好一个不落。他在官场上顺风顺水，在文艺界也很吃得开，大家都会给他捧场。因此，高濂和文震亨也算是他的粉丝，对于他的文章和观点也极其认同。

这两段文字说的就是茶和香对人的好处，但是并没有具体说那些实实在在的功效，而是将其上升到精神层次。对于这些，可能有人会说，不就是喝个茶、闻个香吗，哪那么多讲究？只要香的原料好、茶的产区好，再配最贵的香器具、茶器具，其他的还要求什么呀！

这些说法，在现实生活中经常听得到。因为现代人除了对于物质的渴望和追求，已经静不下心来好好喝一杯茶、闻一炉香了，他们关注的只是这个茶、这个香本身值多少钱，觉得贵的就是好的。可是，你有没有想过，大自然的一切物质都是平等的，每种物质都有其应有的价值，但是价格却是人为加上的。也许昂贵的东西并不适合你，你喝着顺口、闻着舒服才是最重要的。

另外，就是这两段文字里说的意境层面的因素了，就像现在很多人常说的一句话，吃饭不在于吃什么，而是和什么人吃，在哪里吃。如果在人来人往的茶馆里喝茶，在大年初一的寺庙里焚香，还能有这种意境吗？换成清雅之地，几位朋友，或是一位红袖在侧，月夜里，品茶焚香，那才有感觉。

用香的方式

古人用香的方式很多。先秦以前，祭祀的时候多用香料的原株晒干后堆放在户外焚烧，或者将其捆成火把状，手持燃烧。居室熏香是将香料切成粗颗粒状，直接撒到香炉的炭上燃烧，香的烟气很大，因此，那个时候的香炉多为有盖的熏炉，盖子可以吸附一些烟尘和焦油，以减少有害物质飘浮在空气中。

到汉代时，香事才逐渐发展为一种文化。此时国家版图的扩大与对外贸易的加强，使得香料的品种、数量不断增多，香事文化进入了皇室与贵族的生活中，用香的方式也逐渐精致起来。此时，出现了一种专门熏香的炉具，并且设计精美，这就是博山炉。博山炉最早出现在战国时期，到汉代得以完善。汉代是中国香事文化发展的重要时期，博山炉也因此成为中国香事文化发展的一个重要标志。

汉代盛行道教，道教崇尚在仙山上修炼成仙。因此，博山炉模拟了仙山的造型，上面有树木、神兽，甚至人物形象。博山炉的材质有釉陶、青铜、金、银等。有的炉柄高度很高，有

第一章

香 的 古 今

的很低。一些博山炉下面还会有个盘子，称为"盛盘"，是盛兰汤之用，寓意着海水。使用的时候，博山炉里冒出缥缈的烟气，似海中仙山。一时间，博山炉成了地位的象征，在出土的汉代墓葬文物中，很多都有博山炉的身影，也表明当时熏香很普及。

汉代以前主要以单品香为主，只是将各种香料研磨得更细一些。汉代《四坐且莫喧》中写道："朱火燃其中，青烟扬其间……香风难久居，空令蕙草残。"这种香草的燃烧时间不长，且烟气很大。

魏晋南北朝时期，文人的诗歌中大多歌颂的是单品香，或者是博山炉，并没有出现描述和香的诗句。例如曹丕、曹植各写的一篇《迷迭香赋》，傅玄的《郁金香赋》，傅咸的《芸香赋》。南朝宋时的范晔，写下了《和香方》《杂香膏方》，这两卷书虽然都已遗失，但是从书名中可以了解到，那时已经有了和香以及各种香料和合成的香膏。所幸我们在后世其他书中见到了《和香方·自序》中云："麝本多忌，过分必害；沈实易和，盈斤无伤。零藿虚燥，詹唐粘湿。甘松、苏合、安息、郁金、奈多、和罗之属，并被珍于外国，无取于中土。又枣膏昏钝，甲煎浅俗，非唯无助于馨烈，乃当弥增于尤疾也。"这里面提到了十多种香料，其中甲煎经查找古籍考证，也是一种

023

和香，是甲香、沉香以及一些鲜花的混合物。

从这个时期的古籍中我们了解到，此时的香以粗颗粒、细颗粒以及香膏为主要表现形式；焚烧的方式是直接燃烧；使用的香炉主要是博山炉，炉盖可以过滤掉一些烟中的焦油及有害物质，但是烟气依然十足。

篆香是唐代时发明出来的，是唐宋时期以及后世极受文人喜爱的用香方式，可以用来计时，也可以让文人在闲来无事赏烟时，抒发寂寥的情感，还可以作为礼物相互赠送。

唐代王建写了一首诗《香印》："闲坐烧印香，满户松柏气。火尽转分明，青苔碑上字。"表现了文人在寂寞无聊时，自己制作印香（篆香）的场景。这里面描写了使用的香料是平时常见的很便宜的松柏，说明这种日常计时的篆香因为时间长、消耗量大，使用的都不是昂贵的香料。

宋代大文豪苏轼在给弟弟苏辙过生日时，送了他一尊檀香的佛像，自己新和出来的篆香粉和自己设计的银香篆为贺礼，并且赋诗《子由生日以檀香观音像及新合印香银篆盘为寿》一首："旃檀婆律海外芬，西山老脐柏所薰。香螺脱黡来相群，能结缥缈风中云。一灯如萤起微焚，何时度惊缪篆纹。缭绕无穷合复分，绵绵浮空散氤氲，东坡持是寿卯君。君少与我师皇坟，旁资老聃释迦文。共厄中年点蝇蚊，晚遇斯须何足云。君

方论道承华勋，我亦旗鼓严中军。国恩当报敢不勤，但愿不为
世所醺。尔来白发不可耘，问君何时返乡枌，收拾散亡理放纷。
此心实与香俱焄。闻思大士应已闻。"

　　这首诗前半段写的是和香所用的各种材料，例如檀香、婆
律膏、麝香、柏木香、甲香等，而且描述了加了甲香以后的烟
结而不散，说明甲香有聚烟的作用。接下来描述了篆香焚烧起
来的场景，一点小小的火头，慢慢地熏燃；篆香的图案曲曲折
折，长长的，不知何时才能烧完；烟雾缭绕，合了又分，轻轻
地浮在空中不散开。诗的后半段就引申到作者报国图志的宏图
大业。最后一句重点说明了这一腔报国心就像这香一样熏燃着，
让那些开明的人士能够闻到、听到、了解到，也借此希望能够
得到国家的重用。

　　《红楼梦》第七十六回中秋夜大观园即景联句，妙玉作有
这样的诗句："香篆销金鼎，脂冰腻玉盆。"中秋节大观园里
赏月，时至半夜，贾母带着众人都散了，只剩下黛玉和湘云来
到凹晶馆赏月联句，两个才女一句接一句地对着，冥思苦想着
用一些奇妙之事联句，到最后竟对得悲情至极。不想，妙玉路
过听到她们的联句，就说："如今收结，到底还该归到本来面
目上去。若只管丢了真情真事且去搜奇捡怪，一则失了咱们的
闺阁面目，二则也与题目无涉了。"也就是说，妙玉觉得写诗

联句的内容最好从生活中来，表达自己的真情真意，写身边的雅事。由此可见，篆香到了明清时还广泛地在人们的日常生活中使用。

如果说到古人用香的极致方法，那可要算是隔火熏香了。晚唐诗人李商隐的《烧香曲》里就第一次提到了隔火熏香："八蚕茧绵小分炷，兽焰微红隔云母。"这里极为细致地告诉人们如何隔火熏香——先用小段的茧棉点燃香煤，使这种介质在香炭周围维持着香炭均匀燃烧，将兽型香炭埋入香灰，等灰山里面微微发红，再放上云母片使火力均匀，帮助香丸均匀、持久发香。

宋代杨万里也有一首诗《烧香七言》："琢瓷作鼎碧于水，削银为叶轻如纸。不文不武火力匀，闭阁下帘风不起。诗人自炷古龙涎，但令有香不见烟。素馨忽抹利拆，低处龙麝和沉檀。平生饱识山林味，不奈此香殊斌媚。呼儿急取烝木犀，却作书生真富贵。"

此等书生真是富贵之极呀！诗中从精致的瓷香炉开始，那香炉的颜色碧绿如水，轻轻放上薄如纸的银叶片，关闭窗门，使得空气不流动，才好安静品香。古龙涎并不是抹香鲸腹中的龙涎香原料，而是一种和香。古时的龙涎香又贵又少，普通人几乎不可能拥有，因此，很多人就用和香来模仿其味道。但里面用到的材料也是极昂贵的，例如用到了沉香（一定沉水级别的）、檀香、麝香、龙脑香、丁香等，在当时能买到这些香料也需要费不少钱。因此，平时不能常用这样昂贵的香，而是用些山林间的寻常材料。闻到如此气味，诗人用了"斌媚"这个词来形容，真是用得妙，就像看见一位装束精致、绸缎加身的贵妇一样，回眸一笑百媚生。

这首诗的情景感极强，展现在眼前的，就是一个书生在书房中捣鼓这些好玩的东西。关窗关门，兴致勃勃地隔火熏香，当香炉出香后，闭着眼、深吸气，怡然自得、乐在其中。

古代书生读书时，最向往的非"红袖添香"莫属了。清代席佩兰的"绿衣捧砚催题卷，红袖添香伴读书"让多少男人心情荡漾、魂不守舍。有一个红袖在侧，隔火熏香，添上一粒新的香丸，满室生香，红唇轻起说着关爱的话语，以解生活的寂寥与读书的枯燥。

香器具的摆放与使用

古人对居室及其摆设也是极为讲究的，其他的暂且不说，就单说说与香有关的。

明代文震亨《长物志》里记述得十分清晰。在卷七《器具》

里，排在前几位的有香炉、袖炉、手炉、香筒等。对于香炉是这样描述的："三代、秦、汉鼎彝，及官、哥、定窑、龙泉、宣窑、皆以备赏鉴，非日用所宜。惟宣铜彝炉稍大者，最为适用；宋姜铸亦可，惟不可用神炉、太乙及鎏金白铜双鱼、象鬲之类。尤忌者云间、潘铜、胡铜所铸八吉祥、倭景、百钉诸俗式，及新制建窑、五色花窑等炉。又古青绿博山亦可间用。木鼎可置山中，石鼎惟以供佛，余俱不入品……忌菱花、葵花诸俗式。炉顶以宋玉帽顶及角端、海兽诸样，随炉大小配之，玛瑙、水晶之属，旧者亦可用。"

在这里，文震亨也表明了自己的态度，不奢华。他认为那些古董香炉只是供赏鉴用，而不适合日常用。虽然宣德炉现在是古董，但是在文震亨的时代，确是当下的物件，可以作为文房日常使用，青铜器的博山炉也是如此。他非常鄙视那些世俗的纹饰，喜欢超凡脱俗的材料和样式，崇尚宋代制作的那种香炉盖，认为这些即便是旧的也是可以用的。

严格来讲，只有明宣宗制作的那批铜香炉才能称得上"宣德炉"，仅有一万八千个。由于太经典了，后世仿品不断，也都以"宣德炉"字样出现。

古人生活精致，使用的器具分工也细，光是炉子就分出来袖炉、手炉，其实还有脚炉、被炉。它们的功效基本一样，就是取暖，有些还加上熏香的功能，但是在形制和款式上有不同的要求。比如："熏衣炙手，袖炉最不可少，以倭制漏空罩盖漆鼓为上，新制轻重方圆二式，俱俗制也。""手炉以古铜青绿大盆及篁篑之属为之，宣铜兽头三脚鼓炉亦可用，惟不可用黄白铜及紫檀、花梨等架。脚炉旧铸有俯仰莲坐细钱纹者，有形如匣者，最雅。被炉有香球等式，俱俗，竟废不用。"

读到这里，是不是觉得文震亨的审美、眼界不是一般地高？但凡大众喜闻乐见的样式，基本都会被他嗤之以鼻。单就香球来说，就设计得十分精巧，里外共三层，里面的香料怎么转都不会撒出来。香球从魏晋时期就出现了，到了唐代连皇家都会使用。不论是法门寺出土的皇家礼佛专用器具里的鎏金银香球，还是杨贵妃随身佩戴的精美香球，他都不屑一顾。

香筒是元代以后才出现的，是为了配合线香的燃烧，也就是我们现在说的香插。"香筒旧者有李文甫所制，中雕花鸟、竹石，略以古筒为贵；若太涉脂粉，或雕镂故事人物，便称俗品，亦不必置怀袖间。"

那这些文人的爱物，都应该放在哪里？《长物志》卷八《位置》里已经标注得很清楚了："于日坐几上置倭台几方大者一，上置炉一；香盒大者一，置生、熟香；小者二，置沉香、香饼之类；筋瓶一。斋中不可用二炉，不可置于挨画桌上，及瓶盒对列。夏月宜用磁炉，冬月用铜炉。"

这里极其明确地说明，居室里要将炉、瓶、盒放置在一个方形的、大的矮几上，香瓶、香炉都只能有一个，香盒可以有一大两小。而且炉子也要随着季节变换而变化，夏天用瓷炉，冬天用铜炉。一大两小三个香盒中，大的里面是生香和熟香，也就是黄熟香与栈香，它们是不沉水的，且价格便宜、量大，所以选用比较大的香盒盛放。而沉水香在古代是量少价高的，因此会用小香盒盛放。与此同等待遇的就是香丸、香饼之类的和香。和香的制作耗费时间和精力，用的也都是极好的材料，所以数量不多，很金贵，所以放在小香盒里保存着。

古人的书房或者禅房、静室，即便是在一间小室，东西多而杂，也要有规矩。比如："几榻俱不宜多置，但取古制狭边书几一，置于中，上设笔砚、香盒、熏炉之属，俱小而雅。别设石小几一，以置茗瓯茶具；小榻一，以供偃卧趺坐，不必挂画；或置古奇石，或以小佛橱供鎏金小佛于上，亦可。"

由此可见，古代文人生活中有两样雅事是离不开的，一个是喝茶，另一个是焚香，走到哪里，这些都是要备着的。一般稍微有点经济条件的人都会给自己设立一间小屋子，里面只有一个榻供坐卧，再有一两个小几，放置一些必需的器物，在这里只做几件事：读书、写文章、喝茶、闻香、礼佛、静心。

中
国
古
人
的
嗅
觉
审
美

翻开《陈氏香谱》《香乘》等古书，我们可以品评出古人的嗅觉审美。但很多人按照古书中的香方原封不动地复原出来后，发现很多香品并不是那么好闻，或者说我们现代人并不觉得好闻。究其原因有以下几点。

1. 从根本上来说是香料的质量不同

比如沉香，在古代是明确意义的入水即沉，而且基本上是海南的沉香。古人对于沉香的喜好是味道清扬，花香或果香，这些条件是国外沉香不具备的。当今的海南沉水香都要几千元一克，怎么会有人舍得拿出来和香呢？主要材料的气味是整个和香的气味主导，一点偏差结果就会有很大的差异；古方当中会把沉香、生香、栈香、黄熟香分别标出，这不仅代表气味的不同，而且代表气的走向不同。

当你品闻一款和香时，首先要感受它的气味是否柔和、顺畅，其次要品闻它带给人的气感走向，是上升还是下降，因为不同香料才能出现不同的气感走向。例如，香方中写到沉香、生香并用，那么这个方子和出来的成品在品闻时，一定是生香作为初香，引气上升，最后沉香发力，再将气引下来。如果只用黄熟香或者栈香，那么呈现的结果就是气下不来，不能真正展现古人的初衷。

2. 使用形式不同

古方中基本都是香丸、香粉、香饼，很少有线香，但是现代大部分人不会用香粉或者香丸，很多商家为了让商品容易卖，也将其做成线香。很多使用过的人觉得不好闻，是因为香丸与线香的加热温度不同，香丸本来很美好的味道，做成线香就会有焦煳味，有的烟气很大。

3. 名称不同

有些香料的名字有据可查，有些无据可查，因此选不到准确的香料，也无法复原古方的味道。

4. 生活环境不同

古人的生活压力没有现在这么大，更没有闻过化学香的味道，对于气味的追求是贴近大自然的，即所谓的山林之气或者原始的动物气息。所以古方中甘松、零陵香、藿香、茅香等这些山林古朴的香料较多，另外，麝香、龙涎香用得也较多。麝香在古代并不昂贵，龙涎香虽然一直很昂贵，但是依然会出现在古人的香方中，还有很多模拟龙涎香的香方。这说明，古人对于原始的植物、动物气息都很迷恋和崇尚。很多古代文人喜欢在庭院中或山林里焚香，他们对于某一种东西的喜好是自然的，而不是刻意的。他们喜欢在户外焚香、喝茶、听琴、赏花、挂画，追求五官的整体享受，其实这也是人类追求的最高享受、极致享受。

而今人大多被生活、工作的压力缠身，为了应付这些压力而无暇顾及物质外的精神上的享受。即便是一些传统文化行业的专业人士，也是只研究自己擅长的某一门类，而忽略了其他门类的学习和研究。因此，闻香的时候只专注于鼻子下面那款极致的香，喝茶的时候只专注于杯中的那一泡茶，而这几样美好的事物几乎不能同时出现，否则就会影响到某一项的极致享受。

5. 计量单位不同

很多人搞不清楚计量单位之间的换算。古人用斤、两、钱表示重量，一斤等于十六两，而现代人多用千克和克，即使使用斤和两，换算关系也变成了一斤等于十两，所以有些不太关注这个细节的人就会把重量换算错。（我觉得这个错误有点低级，但是看到过这样的案例，因此在这里提一下）

6. 使用场景不同

在古代，不同的场合要使用不同的香。比如，有一些极大或者超大的空间，大殿、古刹等，所用的香品就需要极强的扩香力。另外，还有很多香是在极小的空间中使用的，比如卧室。因此，香方中的配料不尽相同。而很多现代人的居室很小，且比较封闭，如果在这里使用大空间的香品，那怎么能受得了呢?

唐代以前，古人追求烟气比较浓郁的感觉，这是受到居住空间、香料种类、焚香方式、香品质量的影响。唐代以后，一直到宋代，由于香品制作精细，又开始使用隔火熏香，这个时代的古人对于香气的审美发生了巨大的变化，追求气味清润。

宋代因黄庭坚所得名的"黄太史四香"为意和香、意可香、深静香、小宗香，这四款香都是他的朋友送给他的，也因黄庭坚所著名。意和香是贾天锡所赠，他以意和香换得黄庭坚作小诗十首；意可香初名为"宜爱"，但黄庭坚认为其"香殊不凡"，所以易名为"意可"；深静香的制作者是欧阳元老，是特别为黄庭坚所制的；小宗香是时人仰慕宗茂深（宗炳之孙，人称小宗，南朝名士）之名而制作的香，所以名为小宗香。其中，黄庭坚这样评价欧阳元老所做的深静香："此香恬澹寂寞，非世所尚。"评论意和香时，称它："清丽闲远，自然有富贵气。"

此外，《香乘》中提到"绝尘香"时，赞叹道："其香绝尘境而助清逸之兴。"顾文荐评"中兴复古香"香饼："气味氤氲，极有清韵。"叶寘在《坦斋笔衡》中论两广橄榄香："状如胶胎，无俗旖旎气，烟清味严，宛有真馥。"

南宋陈郁说："香有富贵四和，不若台阁四和；台阁四和，不若山林四和。"意思是，"富贵四和"是有钱人的香，"台阁四和"是有权人的香，但这些都比不上"山林四和"。"富贵四和""台阁四和"都是用沉香、檀香、龙脑香、麝香等名贵香料和合而成的，而"山林四和"是由荔枝壳、甘蔗渣、干柏叶、茅山黄连等一些不值钱的香料和合而成的。难道这些不值钱的东西合起来真的比四大名香合起来好闻吗？其实，古代文人追求的并不仅仅是气味的极致，而是香与心合，心与意合。

香 的 古 今

周嘉胄在《香乘》中写道："霜里佩黄金者，不贵于枕上黑甜；马首拥红尘者，不乐于炉中碧篆。"意思是，风霜里面，你是穿着黄金甲好，还是能够安安稳稳地睡上一觉好？到底是在红尘中打滚，做人中之龙凤好，还是看着炉中的篆烟袅袅上升好？这清晰地阐明了一个人的人生价值观。

当下人的香生活

当今社会与古代有着本质的不同，以前一两百年，人们的生活状态可能都没什么变化，但现在随着科技的发展，三到五年就会有翻天覆地的变化，十年就已经不认识从前的样子了。《爱丽丝梦游仙境》里的红桃皇后说过一句话："我们这里的人，只有每天不停地奔跑才能留在原地。"小时候不懂这句话的含义，直到现在才知道。如今这句话已经应验了，我们无论如何也过不了古人那种悠闲自得的生活了。

但是人类的智慧告诉我们，在快速长跑了一段时间后，需要适当慢下来调整一下。

因此，近年来很多人开始放慢脚步，寻找一种属于自己的生活方式。人们放下了可乐、咖啡，端起了精致的茶盏；人们远离了电脑键盘，拿起了毛笔；人们远离了有毒的化学香和西方浓郁的香水，熏起了天然的香丸；人们放弃了喧闹的金属乐，开始聆听笛箫古琴。很多人的手机里多了一些学习传统文化的APP，还有很多人走进课堂，真心想学学这些优雅的生活方式。

近五年来，我自己的生活也发生了巨大的变化。每年的传统节假日、妇女节等，我都在各地讲课中度过，有博物馆、大学、机关、银行、保险公司等，来参与的听众也来自各行各业。对于这些人来说，香事文化都是很陌生的，这与香事文化近百年的断代有关。对于现代人来说，完全没有必要复原古人的生活（也没有这个可能性），只要正常生活和工作，在这期间适当调整一下生活节奏就可以了。

生物界由动物、植物、微生物等构成，人类从植物和低等动物中吸收营养，而微生物就生活在我们身体里。一项最新的科研成果表明，人类之所以能够健康，和寄生在人体中的菌群有关。如果人类与菌群和平相处，那么人类的身体就处于健康状态；如果人类与菌群相处失衡，那么人类就会呈现亚健康状态。如果不去调整，慢慢地由量变到质变，人类的各种器官就会长期得不到养分供应，从而演变成器质性疾病。

换句话说，人体就是菌群的房子，就像人类生活的环境一样。如果居住在闹市区，人的情绪必定不好；如果换个环境，生活在山清水秀的地方，人也会健康长寿。菌群也是一样的，它们生活在一个安静的环境里才能舒服。因此，如果我们要与菌群和平相处，就应为它们多多着想，我们的心静了，五脏六腑就放松了，经络就畅通了，各种器官也就得到了滋养，菌群也就不闹腾了。

如何放松静心呢？其实古人已经发明出了很多方法，例如琴棋书画诗香茶花，每种都可以让我们静下来。只看我们喜欢哪种，或哪几种。人体有五官，我们可以为它们各找一件雅事，例如，眼睛可以欣赏字画，嘴巴可以品茶，耳朵可以听音乐，鼻子可以闻香。但现代人对于除鼻子以外的器官，都给予了无穷的享受，只有鼻子常被人忽略。从呱呱坠地那一刻起，人就开始了呼吸，直到走完这一生，吐出最后一口气为止，这中间无时无刻不在呼吸。既然呼吸对人来说如此重要，我们为什么不能给它更好的享受呢？

人的呼吸很简单，但就是这简单到一呼一吸的过程里，包含了复杂的环节。鼻子将外界的能量吸入身体中，再通过气、血传递到各个脏器，这些能量可以更好地帮助人体疏通经络、传递养分。

我们要好好利用一呼一吸这个看似简单的养生活动，在居室里可以焚香，出门可以佩戴香牌、香珠、香包等，洗澡时可以用香料煮的水，饮食中可以添加各种香料。凡此种种，只需要处于香气的包裹中，我们就可以愉快地生活，健康地工作了。

中国和日本的香文化对比

世界上用香的国家和地区很多，从大的地域角度可以分为东方和西方。东方人喜欢直接使用香料；西方人追求纯净，把香料蒸馏后得到精油，再用各种单方精油和合成复方精油，或者配制成香水来使用。因此，东西方用香还是存在本质上的差别的。

中国是最早使用香料的国家之一，从原始的用香上升到文化层面经历了数千年的历史，直到唐宋时期，中国的香文化才逐渐传到日本。在日本继承这些文化的数百年时间里，由于地域、物产、政治等因素，香文化与其他雅文化一样，产生了极大的变化。

香 的 古 今

我曾在微信的一个茶群里看到几个人痛批日本茶道。有的说日本茶道是因为茶不好喝，才弄那些规矩；还有的说，日本人学中国茶没学好，运过去的茶可能碎了，所以就将错就错，都碾碎了喝。社会上对于日本的茶道、花道、香道主要持有两种态度，一种是因为政治因素，否定日本的一切；另一种是去过日本，感受过日本人对于雅文化的敬仰，因此，奉为神明般地照搬过来，极其崇拜。

对于这两种态度，我是这样理解的。对于任何事物，一定要亲眼见到再下判断，不能人云亦云，也不能把已经完全本土化的文化再照搬回来。这件事要辩证地看。茶、花、香这三种雅文化均来自中国，到了宋代，中国人已经把这些文化做得精致到不能再精致了，日本人将其奉为神明般学过去，本来也想按照中国的模式延续传承的，无奈，因为本土情况不允许，才将一些东西抛弃掉，在他们能够操作的范围内更加精致化，并且将其升华到无与伦比的精神层面。所以，喝日本茶道做出来的茶并不解渴，闻日本香道的香也并不是为了养生。

那么，对于这些雅文化我们要学习什么？我认为应该把它们看作活标本，在研读史书的同时，找到一些史书中的元素。黄庭坚、陈敬、周嘉胄、屠隆这些文人笔下呈现的用香场景，在日本的某些寺庙中还是看得到的，而不是在那些流派的香会中。中国把这些雅文化统称为"事"，香事、茶事、花事，即所谓文人雅事；日本将其叫作"道"，这个"道"的意思是道路、方法，而不是中国对于"道"的认知——哲学的最高层面。当我们口口声声把中国的雅文化称之为香道、茶道、花道时，不知道我们的祖先会哭成什么样，也许会欲哭无泪吧！

当下，我们应该理性看待日本的香文化，不能一味否定，也不能盲目追随。下面我们就来客观分析一下中日两国香文化的相同与不同之处吧。

1. 香文化的发展时间

中国的香事文化起源于新石器时代晚期，汉代初成，唐代发展到第一个高峰期，宋代发展到巅峰期，明代发展到第三个高峰期。民国时期，由于战乱及西方化学香的进入，中国的香事文化开始走向衰败。直到十几年前，中国的香事文化才逐渐复兴。整个过程长达四千年之久。

日本的香道文化从平安时代开始，由于中国香事文化的传入，才逐渐形成用香的习惯。那个时候的日本贵族模仿中国贵族使用和香熏衣熏被、熏香居室。镰仓时代武士阶层掌权，开始抛弃和香，而单纯品鉴沉香。直到江户时代才形成了现在这种形式的香道文化。因此，中国香事文化进入日本有一千多年，香道文化从形成到现在也只有五百多年的时间。

2. 香在日常生活中的作用

中国用香：宗教、祭祀、祛疫辟秽、熏衣熏被、熏香居室、疗疾、品鉴等。

中国人的香事文化来源于生活，祛疫辟秽便成了用香的首要目的；其次，香料美好与圣洁，故被用在祭祀、宗教等精神活动中；最后，某些香料因为稀有与极好的味道，也成了一种

传世的收藏品，得到一些人士的追捧。

日本用香：宗教、熏衣熏被、居室熏香、个人修行等。

日本的香道文化是宗教传入的附属品，因此，日本对于香的认知出于对宗教的崇拜。用习香的方式进行自身修行，是影响香道文化在日本发展的重要思想，弱化了香进入生活这一方向，主要强调精神层次的升华。

3. 香的品种

中国早期使用香料的形状是粗颗粒，也出现了香包、香囊；唐代时使用比较细的香粉，也用香粉制作篆香；继而发展为香丸、香饼、香牌、香珠；元代以后才出现线香、盘香、签香等。

日本早期使用粗颗粒香料、香粉、香丸、香囊，后来直接使用沉香、檀香的原材料（在香道仪式中只使用沉香及檀香的原料）。在茶道里会用到香丸，日本称为"炼香"，这也是中国唐代对香丸的称呼。到目前为止，寺院还保留着粗颗粒香料、香粉、线香的使用，也会用香粉制作篆香。百姓日常主要以线香为主。

4. 香器具

中国早期的香器材质以陶、青铜为主，后来使用银、瓷、象牙、竹、木、玉等，明代出现黄铜、珐琅等材质。早期以有盖的熏炉为主，宋代以后逐渐简约，因为使用隔火熏香，便出现了无盖、造型简约的香炉。长柄雀尾炉、香球、香筒、香插等也都有使用。

日本的香器材质主要是瓷，也有银、铜、铁等。造型以无盖、简约的香炉为主，也有一些有盖的熏炉，长柄雀尾炉、香球、香插也有使用。

5. 香料的使用

中国从魏晋南北朝开始就以和香为主，一直到清代，和香都是日常及重大活动中的主角，常用香料多达百种。

日本早期仿照中国使用和香，镰仓时代以后基本以沉香为主，檀香为辅，在香会里主要品鉴沉香。目前日本的香店里一般只保留六种和香香丸：黑方、梅花、荷叶、菊花、侍从、落叶。

6. 用香的流程

中国自古以来用香都没有固定的仪式化流程，是极其生活化的一件事，这从很多古诗文及古画中可以看出来。古人用香或立、或坐、或卧，室内、室外、大殿、古寺、山林、溪边，没有固定姿势，没有固定场所。只有在祭祀或宗教活动中才有一定的仪式，但那只是祭祀或宗教的仪式，而不是用香的仪式。

人们将香或焚或熏，置于一处，人在不远处，感受慢慢扩散来的香气，并不去刻意品闻，而是让香像其他植物一样，散漫扩散，时有时无。有时是花香，有时是果韵，有时又仿佛被温暖的甜蜜包裹起来，人就仿佛置身于大自然中。

日本因地少物稀，对于任何事物都很珍惜，对于来自中国的文化更是崇尚与尊敬。因此，在使用香料，尤其是名贵香料的时候，十分重视。他们会将沉香切得非常细小，叫作"马尾蚊足"，然后将香炉贴近鼻端，仔细品闻。可以说，如此小的

沉香，不离这么近真是闻不到的。在香会的整个品香仪式中，每位来宾都要正襟危坐，拿取香炉也有标准的手势。通过这样严谨的流程，反复体味，重复修炼，少则几年，多则几十年，人的精神境界会升华，心态也会淡定。

总之，香道在日本是一种极致的修炼过程。当然，为了给枯燥冗长的过程加点乐趣，品香时会有一些设计感很强的竞猜环节，内容包含文化的各个层面。

日本香道在明治时代曾因为西方文化的入侵而一度衰退，二战后，随着花道、茶道的振兴，香道也得到了复兴。时至今日，日本茶道和花道在百姓中比较普及，香道的要求和限制比较多，所以从事的人数不如前两者多。

近几年，中日两国的互访和交流不断增加，很多国人去日本学习。这本来是件大好事，但一些人因此便认不清祖宗，也是件可叹的事。文化归根结底是可以融入生活中的，让香事文化回归，服务于现代人，才是现今国人该做的事。

香料种类有哪些

沉　香

棋楠香

檀　香

龙脑香

龙涎香

麝　香

降真香

第二章

认识香料

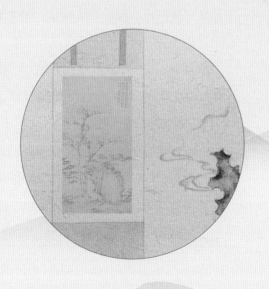

香料种类有哪些

香气由诸多气味分子组成，从西医的理论体系来看，这些气味分子通过鼻腔直接进入大脑的边缘系统。边缘系统又称"旧脑"，是负责储存记忆和情绪的地方。当香气分子到达后，会发出信号，开启储存在边缘系统里的积极正面的情绪和记忆的闸门，并触发神经系统释放化学物质，进而产生镇定、松弛、刺激、振奋等效果。

而从我们中医的理论体系来看，又是另一种很有趣的过程。人体的各个脏器是由经络连接贯通的，如果经络畅通人就不得病，当经络不通时，养分就到达不了堵塞的脏器，

第二章

认 识 香 料

时间越久，脏器越会因为没有得到营养而生病。我们常说的亚健康状态，其实就是经络慢慢不通了，但是还没有堵到不能疏通的地步。这时就是我们最好的养生阶段，通过香疗，慢慢使经络疏通，从而达到治未病的目的。如果没有得病，也可以日常使用香来颐养性情。香料大多具有通经络、安神、益气等功效，因此，常用香可以起到疏经通络、活血化瘀、补助正气等作用。

世界上有香气的物质达两千多种，日常可以用于熏香的有两百多种，大体归为两大类——植物类、动物类。植物类又分为花草类、根茎类、果实类、树脂类、木类等，植物类占据香料品种的大多数。

花草类： 薰衣草、柠檬草、辛夷、桂花、公丁香、迷迭香、艾叶、佩兰、茅香、玫瑰花、薄荷、茉莉花、零陵香、蔷薇、菊花、藿香、莲花、白梅花等。

这里面包括没开的花苞，已经开的花朵及全草。例如，公丁香、辛夷是未开的花苞；零陵香、藿香、薄荷等就是全草；薰衣草、茉莉花、桂花等就是花朵。

根茎类： 白芷、甘松、玄参、木香、白术、甘草、藁本、鸡骨香、川芎、细辛、菖蒲、白附子、高良姜等。

果实类： 肉豆蔻、茴香、柏子、母丁香、槟榔、枳实、花椒等。

树脂类： 沉香、安息香、乳香、苏合香、白胶香、琥珀、枫香、龙脑香等。

严格来讲，沉香算是树脂与木纤维的混合物。

木类： 檀香、松木、柏木、降真香、肉桂、楠木等。

动物类： 麝香、龙涎香、甲香、灵猫香、海狸香等。

每种香料的气味、产区、功效均不相同，在和香中起到的作用也不相同。下面我们来把一些主要的香料介绍一下。

沉香

很多初学者都以为，来到沉香的产地就能买到好沉香，其实不然，初学者根本找不到源头，也很容易受骗，太多的例子说明这类人买到的假货居多。从 2005 年起，国际上已经实施了全面管制，沉香作为濒临灭绝的野生植物，不允许任何国家的单位、个人随意买卖、拥有、展示、使用。要想买到真的沉香，一定要寻找合法的、正规的渠道，否则就是犯法。

中国对于沉香最早的记载见于汉代的《异物志》："木蜜，名曰香树，生千岁，根本甚大。先伐僵之，四五岁乃往看。岁月久，树材恶者，腐败；惟中节坚直芬香者，独在耳。"

古人对于沉香（又名"木蜜"）的喜爱是源于海南沉香的清雅、悠远、馥郁，而不是蕃香（外国香）的浓烈、刺激。宋代丁谓撰写的《天香传》中，从烟、气、味三个方面评判海南沉香与蕃香的优劣："比岁有大食番舶……然视其炉烟蓊郁不举、干而轻、瘠而燋，非妙也。遂以海北岸者，即席而焚之，高烟杳杳，若引东溟，浓腴涓涓，如练凝漆，芳馨之气，持久益佳。"

由此可见，大食国的香烟"蓊郁不举"，气是"干而轻"，味是"瘠而燋"，海南沉香的烟"高烟杳杳，若引东溟"，气是"浓腴涓涓，如练凝漆"，味是"芳馨之气，持久益佳"。中国古人喜欢烟高，聚而不散，这样可以通达神灵；温润、清和之气味胜于干焦；香气持久是宋人的气味审美观。

丁谓之后的范成大于《桂海虞衡志·志香》中，对海南沉香与其他海外沉香做了更深入的比较："大抵海南香，气皆清淑，如莲花、梅英、鹅梨、蜜脾之类，焚一博投许，芬蕴弥室，翻之，四面悉香。至煤烬气不焦，此海南香之辨也……中州人士，但用广州舶上占城、真腊等香。近年又贵丁流眉来者，余试之，乃不及海南中下品。舶香往往腥烈，不甚腥者，意味又短，带木性，尾烟必焦。其出海北者，生交趾及交人得之海外蕃舶，而聚于钦州，谓之钦香。质重实，多大块，气尤酷烈，不复风味，惟可入药，南人贱之。"范成大不吝诸多溢美之词赞美海南沉香，蕃香则不可同日而语。

沉香作为香中之王，位列"沉檀龙麝"之首，其身份高贵，自古以来就不是寻常百姓可以随便得到的。古代的皇帝是因为疆土扩张到了海南（现在的越南）后，才有了这样珍贵的香料进贡。汉代沉香进入中国，开始被国人使用，一直到唐宋以后，随着国力的强大，沿海对外贸易的不断发展，这种稀有的香料才在文人、士大夫阶层传播开来，其药用价值、和香的重要性、品香价值才得以充分体现。

沉香之所以被称为"香中之王"，一是因为它内含200多种芳香分子，且稳定性极好，在不加热的时候香气很淡，加热后香气四溢，且发香持久性和多变性都很好；二是因为只有沉香才会有不同产地不同香气，不同形成原因不同香味的特性，可以这么说，每块沉香的气味都不一样，即便是同一块沉香，在体积比较大的情况下，不同部位的香气也是不同的；三是因为沉香结香期长、结香概率小，少则几年，多则几十年，而且产量极少，所以价格昂贵，具有收藏价值。

到底什么是沉香呢？沉香又称"沉水香"，古时称为"沈香"，是由瑞香科沉香属的不同种树木（白木香树、蜜香树、鹰木树等）长到一定树龄（至少10年以上）后，受到外界的伤害（人为刀劈斧砍、蚁虫蛀咬、雷劈台风等），树芯会分泌出树脂来愈合伤口，或经过真菌多次感染，慢慢结成的一种次生代谢物组织，这里面混合了木质、树脂、挥发油等。

沉香与沉香木的概念也是很多人搞不清楚的。古人将入水即沉的香称之为沉香，浮在水面的称之为黄熟香，半沉半浮的称之为栈香。同时，古人把半沉半浮的和浮在水面的香称之为沉香木，也就是说，沉香木就是栈香和黄熟香。但是，现在有很多人是把沉香、栈香、黄熟香统称为沉香，把可以结沉香的树（没有结香的白木）称为沉香木。所以，沉香市场要走向正规，最基础的工作要从明确概念开始，然后才能一步一步规范市场。

沉香的名称和分类很多，同一块沉香可以有好几个名字。比如一块香，按产地分类，名称是芽庄（越南产区）；按形成原因分类，名称是虫漏；按含油量分类，名称是栈香。还有很多人会把"水沉"和"沉水"搞混，其实这是两个不同种类的名词。水沉是沉香在结香后淹没在水里，木质慢慢腐烂后剩余的部分。沉水是此香的含油量已达到可以沉到水底的程度，也就是说，含油量很多。

沉香的产地

沉香主要生长在热带及亚热带地区，主要产地有中国的海南、广东、广西，以及越南、老挝、柬埔寨、缅甸、泰国、印度、斯里兰卡、印度尼西亚、马来西亚、文莱、巴布亚新几内亚等地。

沉香的味系

按照香气来分，人们习惯把沉香分为会安味系和星洲味系。

1. 会安味系的沉香

闻起来比较甜美，有花香、果香、蜜香、奶香等味道。

会安位于越南中部，原为占婆国的对外贸易港口。因此，人们把在会安古城进行交易的沉香，全部划分为会安味系。

会安味系的沉香产地包括中国、越南、柬埔寨、老挝、缅甸、泰国、印度、斯里兰卡等。其中中国的产地包括海南、香港、广东、广西、云南等；越南的产地包括会安、芽庄、顺化、岘港、富森等。

2. 星洲味系的沉香

闻起来比较深沉、腥烈，草香、土气、腥气、药香比较浓郁。"星洲"是古代对新加坡的称呼。新加坡不出产沉香，只是一个沉香的集散地，一般马来西亚和印度尼西亚等地的沉香会在这里交易。

星洲味系的沉香产地包括马来西亚、印度尼西亚、文莱、巴布亚新几内亚等。其中马来西亚的产地包括东马来、西马来；印度尼西亚的产地包括加里曼丹岛、伊利安岛、安汶岛、苏拉威西岛、苏门答腊岛等。

沉香的成因

1. 按照形成原因分

生结：也叫生香。结香在活树上，有的是自然结香，有的包含人为因素。香木结油尚浅，尚未褪尽木质。生结香上炉后出香快，气味冲劲足，但不长久。

熟结：也叫熟香或脱落。在自然条件下结香，完全没有人为干涉。结香时间长，结油丰厚，木质已风化殆尽，或因外力而使香木倒于地上、水里或土里，经年累月，风吹雨淋后，最终留下的以油脂为主的凝聚物。熟结香上炉后出香慢，但香气持久、绵长，气味醇厚、馥郁。

虫漏：也叫虫眼或蚁沉。是蚂蚁、树虫等对树木的咬噬伤害所形成的香。其香气浓郁、甜美。

《天香传》里也对沉香加以分类："香之类有四，曰沉、曰栈、曰生结、曰黄熟。其为状也，十有二，沉香得其八焉。曰乌文格，土人以木之格，其沉香如乌文木之色而泽，更取其坚格，是美之至也。曰黄蜡，其表如蜡，少刮削之，黳紫相半，乌文格之次也。曰牛目，与角及蹄，曰雉头、泊髀、若骨，此沉香之状。土人则曰：牛眼、牛角、牛蹄、鸡头、鸡腿、鸡骨。曰昆仑梅格，栈香也，此梅树也，黄黑相半而稍坚，土人以此比栈香也。曰虫镂，凡曰虫镂其香尤佳，盖香兼黄熟，虫蛀蛇攻，腐朽尽去，菁英独存者也。曰伞竹格，黄熟香也。如竹色黄白而带黑，有似栈也。曰茅叶，如茅叶至轻，有入水而沉者，得沉香之余气也，燃之至佳，土人以其非坚实，抑之黄熟也。曰鹧鸪斑，色驳杂如鹧鸪羽也，生结香也，栈香未成沈者有之，黄熟未成栈者有之。"

"凡四名十二状，皆出一本，树体如白杨、叶如冬青而小肤表也，标末也，质轻而散，理疏以粗，曰黄熟。黄熟之中，黑色坚劲者，曰栈香。栈香之名相传甚远，即未知其旨，惟沉水为状也，骨肉颖脱，芒角锐利，无大小、无厚薄，掌握之有金玉之重，切磋之有犀角之劲，纵分断琐碎而气脉滋益。用之与枭块者等。鹗云：香不欲大，围尺以上虑有水病，若斤以上者，中含两孔以下，浮水即不沉矣。"

"生结者，取不俟其成，非自然者也。生结沉香，品与栈香等。生结栈香，品与黄熟等。生结黄熟，品之下也。色泽浮虚，而肌质散缓；然（通"燃"）之辛烈少和气，久则溃败，速用之即佳，若沉栈成香则永无朽腐矣。"

丁谓认为，沉香分为两大类：熟结和生结。熟结又分为沉香、栈香和黄熟香；生香又分为生结沉香、生结栈香和生结黄熟香。生结与熟结相比差一个等级，也就是，生结沉香相当于栈香，生结栈香相当于黄熟香，生结黄熟香是质量最次的，最好赶快用掉，没有什么保存的价值，但是栈香和沉香可以长久保存，不易腐坏。

2. **按照结香的环境分**

土沉：结香后被埋在土里，木质慢慢被腐蚀掉而剩余的树脂混合物。

水沉：结香后被浸在水里，木质慢慢被腐蚀掉而剩余的树脂混合物。

3. 按照含油量分

浮在水面的香称为浮水香、黄熟香。

半沉半浮的香称为栈香、笺香、弄水香。

沉到水底的香称为沉水香、沉香。

4. 按照形状分

牙香：形状像马的牙齿，体积小。

叶子香：薄片状。

鸡骨香：壁薄，空心，形似鸡骨。

光香：外表如枯竭的山石，多作为摆件。

水盘头：体积很大而质地较软。

马蹄香：圆形，厚实，形似马蹄。

树芯油：长在树芯里，长条状，结油多，质地密实。

沉香的作用

沉香的用途有很多，但是归结起来比较重要的有七种。

1. 药用

沉香自古就是一味重要药材，有"药中黄金"之称，也是地道的五大南药之一。沉香味辛、苦，性微温，具有行气止痛、温中助阳、纳气平喘、降气除燥、暖胃养脾、顺气止呕等功效。《本草备要》谓之："能下气而坠痰涎。能降亦能升。""暖精助阳。行气不伤气，温中不助火。"可用于治疗胸腹胀闷疼痛、胃寒呕吐呃逆、肾虚气逆喘急，还可用作治疗精神疾病，比如神经症和精神分裂症。

日本的临床试验研究证明，沉香是治疗胃癌的特效药和很好的镇痛药。目前，以沉香组方配伍的中成药有数百种，如沉香化滞丸、沉香养胃丸、沉香化气丸、沉香永寿丸、八味沉香片等。

在民间，人们用沉香冲水喝，可以缓解肠胃功能紊乱，起到润肠通便的作用，对于治疗肝病、皮肤病等也十分有益。

此外，沉香还有非常好的消炎功效。例如，上火起的包、蚊子叮的包，牙龈肿痛，口疮溃疡等，抹上沉香油会很有效。

2. 净化空气

沉香不仅具有非常悦人的香气，而且还具有杀菌的功效，可以快速把室内的空气净化，使人处在一个良好的环境里，减少传染病和呼吸系统的疾病。

3. 祭祀

沉香是目前世界上唯一一种五大宗教（佛教、道教、基督教、天主教、伊斯兰教）都崇尚和使用的香料，但每个宗教的使用方法不同。

佛教：用沉香做佛像、佛珠，还用于浴佛、祭拜。

道教：用沉香静心、修炼，也是通感神人，传达祈求仙人赐福的启请与意念。

基督教：他们对给神供奉的香料有严格的规定，他们不允许焚烧规定以外的香料，否则就是对神的不敬。

天主教：除沉香外，还使用乳香、没药、藏红花、苏合香、甘松。他们在各种重大仪式中焚烧香料，以示对圣徒功业的虔敬之意，并希望自己的祈祷可以上达天堂。《圣经》记载："这香就是众圣徒的祈祷。"

伊斯兰教：他们认为人最终会进入天庭，而天庭是四处弥漫着香气的圣地。因此，他们用香和泥涂抹清真寺的墙，熏烧沉香。

4. 镇宅辟邪

古人认为，沉香的香气通三界，可以驱退邪恶与鬼怪。

5．调和心境

沉香因其独特的药用功效，可以使人心境平和，舒缓紧张的神经，促进睡眠，还有镇痛效果。

6．配制和香

沉香作为配制和香的一味香药，一般作为"君臣佐辅"中的君药，处于非常重要的位置。中国古代香方中的和香，有很大一部分都将沉香作为君药，如宣和贵妃黄氏金香、后蜀孟主衙香等。

7．调制香水

沉香中提炼出来的沉香油是配制香水时非常好的定香剂，可以使一款香水延长香气散发时间，并且时间越久，香气越醇厚。

古籍中有诸多对沉香的描写：

罗隐的《香》："沈水良材食柏珍，博山炉暖玉楼春。"

黄庭坚的《有惠江南帐中香者戏答六言二首》："百链香螺沈水，宝薰近出江南。"

李清照的《菩萨蛮·风柔日薄春犹早》："沉水卧时烧，

香消酒未消。"

《香乘》开卷即说："香出占城（今越南）者，不若真腊（今柬埔寨），真腊不若海南黎峒。"

明代名医李时珍在《本草纲目》中称："冠天下谓之海南沉，一片万钱。"

苏轼的《沉香山子赋》："矧儋崖之异产，实超然而不群。既金坚而玉润，亦鹤骨而龙筋。惟膏液之内足，故把握而兼斤。顾占城之枯朽，宜爨釜而燎蚊。"

棋楠香

　　棋楠，其名称来自梵文，也经常被译作奇楠、迦南、伽楠、茄楠等，日本称之为伽罗。古人以能收藏到棋楠香为荣，是有三世之福报才能拥有，并将其视为传世之宝。

　　明代时期，费信随郑和下西洋，将沿途风土人情、所见所闻写成一部书《星槎胜览》，其中记述了占城（今越南）的棋楠香："奇楠香一山所产，酋长差人看守采取，民下不可得，如有私偷卖者，露犯则断其手。乌木、降香，民下樵而为薪。"由此可见，棋楠香在古代就很少有，必须差人把守，防止偷盗。

　　很多古籍中只讲沉香，很少单独讲棋楠

香。古人大多认为棋楠香和沉香是一种香料，只是棋楠香的味道更好，是沉香中的最高品级。明代屠隆《考槃馀事》中写道："香之为用，其利最溥。物外高隐，坐语道德……品其最优者，伽南止矣。"

但随着人类对于生物界的不断探寻，加上使用现代精密仪器的观测，发现沉香中所含的物质与棋楠香中所含的物质并不相同，很多棋楠香中的物质，沉香中并不存在。研究真菌的学者发现，使沉香感染结香的真菌是高等菌，而使棋楠香感染结香的真菌是低等菌。所以，沉香与棋楠香唯一相同之处是在同一种树上结香，而其他方面不尽相同。

棋楠香的分类

按照油脂颜色可以分为：白棋楠、绿棋楠、黄棋楠、紫棋楠、黑棋楠。棋楠香显示不同的颜色是由里面所含的不同色酮所决定的。

白棋楠为生香，油线的颜色为奶油黄色，或者黄褐色。肉眼看就是一块白色的木头，没什么特殊的地方，油脂用放大镜或者显微镜可以看得非常清楚。白棋楠的味道，初香悠远甜美，好似远远走来一位美丽的少女；本香甜凉、浓郁，犹如少女在侧；尾香变为奶香，持久深远。

绿棋楠中生结、熟结都有，即便是熟结，也是以结香时间不长的为多。绿棋楠的市场存量相对是最多的。它那迷人的香气倾倒了无数人，很多人喜欢绿棋楠，是因为清闻就那么沁人心脾。加热后的初香，凉蹿中带着浓郁的花香，仿佛置身于万花丛中，使人突然有种迷失的感觉；本香变化极大，虽凉意渐淡，但花香更加浓郁，蜜糖气味便随其中；尾香转为浓浓的乳香，挥之不去。

黄棋楠是更加纯熟的品种。初香就有浓浓的甜香味，一股强大的气直冲百会穴，使人立时为之一振，清目明心，仿佛雨天走在草原上，清凉中伴着甜美，各种青草、鲜花的气息扑面而来；而后香气变转，仿佛冬天坐在沙发上，手捧一碗妈妈刚煮好的红枣莲子羹，还加了蜂蜜，甜香、温暖，伴随着爱。

紫棋楠中熟结较多，由于纯化的时间比较长，香气亦会使人感觉沉静、舒爽。初香和缓淡雅，本香馥郁悠长，尾香则有杏仁乳味。紫棋楠清闻内敛，不似前几种那么张扬，有些还会有桔子味，就像妈妈的爱，细腻、温暖。

黑棋楠基本为熟结，纯化的时间也是最长的，外表黝黑。清闻香气已经霸气十足，加热后，那种感受更是无与伦比地畅快。有些身体不太好的人刚开始很难适应，因为他们的经络不通，黑棋楠的气韵又特别足，所以会受不了，产生头晕、肩颈痛的感觉。如果经常闻，经络通畅了，这种现象就没有了。如果是身体极好的人，在品闻黑棋楠时，会感到全身瞬间通了一股暖流，一冲到脚底，即便是冬天，全身也会一下子热起来，可见其通窍效果有多神奇。

中国古代也把棋楠香按照熟化程度、含油量和所呈现出来的外形，将其分为：糖结、铁结、金丝结、虎斑结、兰花结。

糖结：刚采下来时像黑糖一样软糯，并且泛着黑红色的油光；时间久了会变硬，尤其是在北方地区，很难保存其软糯的质感。

铁结：外表为黑色，质地较硬，口感极凉，含油量极高。

金丝结：油性大于木性，结油时间较长。

虎斑结：结油呈老虎的斑纹状，油线略带金丝。

兰花结：结油浅，木性大，颜色浅黄中带些绿。

不同古籍中对于棋楠香的分类及优劣排序也是不同的，这与不同时代的气味美学认知及喜好有关。

《崖州志》对于棋楠香的分类有如下记载："上者鹦哥绿，

色如鹦毛。次兰花结，色微绿而黑。又次金丝结，色微黄。再次糖结，纯黄。下者曰铁结，色黑而微坚，名虽数种，各有膏腻。"

《本草乘雅半偈》里如是说："独奇南世称至贵。即黄、栈二等，亦得因之以论高下。沉本黄熟，固坎端棕透，浅而材白，臭而易散；奇本黄熟，不唯棕透，而黄质遍理，犹如熟色，远胜生香，灸经旬，尚袭难过也。栈即奇南，液重者，曰金丝。其熟结、生结、虫漏、脱落四品，虽统称奇南结，而四品之中，又各分别油结、糖结、蜜结、绿结、金丝结，为熟、为生、为漏、为落，井然成秩耳。大都沉香所重在质，故通体作香，入水便沉，奇南虽结同四品，不唯味极辛辣，着舌便木。顾四结之中，每必抱木，曰油、曰糖、曰蜜、曰绿、曰金丝，色相生成，亦迥别也。"

棋楠香的品味

对于棋楠香的品味，也是一种独特的感受。以下是我第一次品棋楠香时的情景记录。

侍香的主人熟练地拿起桌上的香炉，从容地放上香灰，点炭、埋炭、切割。一系列不紧不慢的动作后，他用右手把香炉放在鼻子下方的胸前，左手接过来承托在前手掌上，右手随后笼住炉口，大拇指分开，其余四指合拢，形成凤眼状；然后微微低头靠近，很是享受地慢慢深吸了一口气；然后转头向左下方慢慢呼气，再回过头来吸气。如此这般三次后，他把香炉递到我们之间的桌面上，告诉我，这是白棋楠。

我拿起香炉，鼻子靠近炉口，慢慢深吸了一口气，霎时觉得一股夹带着凉甜的香气直冲我的鼻腔，随后，就像有一股"内力"推着似的，那股香气直冲我的头顶。第一次体会到这样奇妙的感觉，我吓了一跳，赶紧掩饰着不让自己失态，将头扭到左下侧呼气。

稍停了片刻，我定定神，把头又转了回来。我微微闭起了双眼，慢慢深吸一口气，这次的香气更加好闻，清甜中带着一种瓜韵，仿佛在百花丛中，又似瓜果满园，内心是说不出的幸福和甜美。

第三次品闻时，我很想记住那香气，所以我使尽全身力气慢慢地、一点儿一点儿地吸气，贪心地希望这个过程尽量长些。这香气很复杂，我以前从来没有闻到过这么美妙的气味，竟有种莫名的感动，突然觉得眼睛有些湿润，眼泪不由自主地流了下来。

行香的主人说，品香时每人每次只能品三次，否则，一个

人的时间拖得太久，后面的人就闻不到这一时段的味道了。

棋楠香的香气分为初香、本香、尾香，刚才我们闻过了初香，第二巡，我们开始品闻本香。这次的品闻我泰然了许多，此时棋楠香散发出来的香气也如同我的状态一样，平和了下来，不像先前那么激烈，但香气依然复杂、甜美。

本香持续的时间要比初香长很多，又转了两圈，每次的味道都不太一样。当转到第三巡时，已经到了尾香，有股奶香气，瓜香气和花香气虽淡了不少，但这若即若离的余香似乎更加令人回味。香气虽淡雅，但又多了些杏仁味，且绵长悠远，比之前的味道更加独特，使人沉醉。

棋楠香的特性

（1）棋楠香的质地是软的，切棋楠香有如切皮革的感觉，切薄片时会卷曲。但是放置时间太久，或是在北方干燥的地区，其表皮也会发硬。

（2）棋楠香里面的菌是活的，所以不点燃时，棋楠香就有很强烈的香味。用香炉熏时，会有几个阶段的变化，好的棋楠香会有多达五六种的香气变化，而不止三个阶段（初香、本香、尾香），并且每个阶段的香气都非常久远，优雅宜人。很多棋楠的初香会有很凉很蹿的味道，直通大脑，可以起到非常好的开窍理气的作用。

（3）嚼在口里，除了有明显的芳香感外，还有黏牙的感觉。用舌尖接触，会有辛、麻、甘、苦、酸等味道，有极强的气感直冲脑后。

（4）棋楠香中存在的很多物质是普通沉香中绝对没有的，因此，通过先进的仪器检测，可以判断出是否是棋楠香。

（5）棋楠香不沉水的居多，也有浮水、半浮、沉水之分。

沪上印石藏家黄建华先生说，从前，弘一法师有棋楠香念珠一串，赠印人费龙丁。龙丁胃病发，常从珠上锉下粉末服之解疼，以致此串棋楠香念珠有数颗稍欠匀整。原来棋楠香亦是一味珍贵药材，有理气、止痛、通窍等药效。棋楠香在日本是制作救心丸的原料之一，具有非常强大的通络功效。

棋楠香的数量比沉香还少，所以市场上有些棋楠香只是接近棋楠香气味的沉香。虽然也有很浓郁的花果香，也会有些变化，但是明显气韵不足。棋楠香的凉非常特殊，不是薄荷的那种凉，闻到有很明显的薄荷凉气时就要注意了。

棋楠香与沉香的区别

（1）质地：沉香坚硬，用刀割都很费力；沉香结油是从外往里结，所以皮面总比里面含油量高。而棋楠香质地比较软；棋楠香属内结油，越往里面油量越高。

（2）气味：沉香在不点燃时香气清淡，点燃后香气浓郁；沉香的气味只有一种，只是在加热后由浓变淡，而没有本质的变化。而棋楠香在不点燃时就有很强烈的香气，加热后会有初香、本香、尾香三个阶段的变化。特别好的棋楠香有更多种的变化，发香时间可以长达十几个小时，甚至二十几个小时，并且每个阶段的香气都非常久远，优雅宜人。

（3）口味：切一点棋楠香末放在嘴里，除了有明显的芳香感外，还有黏牙的感觉；用舌尖接触，会有辛、麻、甘、苦、酸等味道，有极强的气感直冲脑后。而沉香则没有这种感觉，嚼起来就像木头渣子一样。

（4）价格：从目前的市场情况来看，沉香每克从几百元到两三千元不等，但是棋楠香每克要几千元，好的甚至上万元。

（5）结香的原因：沉香通常从外部受伤，再受到真菌感染而结香，真菌为高等菌。棋楠香通常没有外伤口，多为树芯感染真菌而结香，真菌为低等菌。

　　《崖州志》对于沉香与棋楠香的区别有如下记载："伽楠
与沉香同类，而分阴阳。或谓沉，牝也，味苦而性利。其香含
藏，烧乃芳烈。阴体阳用也。伽楠，牡也，味辛而气甜。其香
勃发，而性能闭二便。"沉香是雌性的，味苦性利，香气内敛，
燃烧后才会芬芳，而棋楠香是雄性的，味辛气甜，上浮，常闻
棋楠香久了二便就不畅通了。

檀香

　　檀香，又称旃檀，排在四大名香"沉檀龙麝"第二位。檀香为檀香科植物的心材。檀香树，常绿小乔木，高 6~9 米，具寄生根，幼年时与其他树木形成半寄生关系。主要分布在印度、马来西亚、澳大利亚及印度尼西亚等地，中国大陆及台湾地区亦有栽培，全年可采。檀香树被称为"黄金之树"，因为它全身都是宝。檀香指的是白檀，市面上那些紫檀、黑檀、绿檀、黄檀与檀香没有关系，也不是一个科属的植物。

　　人们喜欢檀香不仅是因为它的香气张扬、霸气，还因为它是人们表达情感的一种方式。

古代女子会称自己的情人或者夫君为檀郎或檀奴,李清照的《丑奴儿》里有"笑语檀郎:今夜纱厨枕簟凉"。很多印度女孩会把檀香膏涂抹在胸前、四肢,以增加自身魅力。檀香精油不仅能制作香水,还能直接入药,既可外用又可内服,具有很好的消炎功效。

檀香在佛教用香里尤为重要,佛经中提到檀香的价值和地位都是第一的。《法华经》就有记载:"于虚空中、雨曼陀罗华、细末坚黑栴檀,满虚空中、如云而下,又雨海此岸栴檀之香,此香六铢、价值娑婆世界,以供养佛"。"铢"为古代计量单位,二十四铢为一两,六铢为0.25两,便相当于佛所教化的大千世界,可见其客观价值和不可动摇的地位。

文中的"细末坚黑栴檀"如今已经很难找到了,现在所说的檀香指白檀,虽然称为白檀,但其颜色视含油量有淡黄色、黄褐色和红褐色,"坚黑栴檀"类似巧克力色。

檀香质地密致,清闻就有种芳香、清凉之气,有调气、理气、和胃、散寒、止痛的功效,并可以在和香中起到扩香的作用。其香气张扬、霸气,是其他香料的香气无法比拟的,因此有"逆风香"之称。古人云:"檀香单焚,裸烧易气浮上造,久之使神不能安。"所以,檀香一般都要用茶、蜜、酒炮制过才能使用，这样可以去其浮躁之气，使其气质温和，人们长久使用才无碍。

檀香树为半寄生植物，一般与红豆杉、尤加利树、柠檬树、伊兰树等相伴相生，吸取被寄生树的营养。如果被寄生树长得高大，檀香树就会因营养不良而死去。檀香树的生长很不容易，人工培育的成活率只有15%，野生的极少。檀香树具有清凉的特性，如果在野外看到一条蟒蛇盘在一棵树上，那十有八九就是檀香树。

檀香的产地

檀香主要出产于印度、汤加、澳大利亚、印度尼西亚、斐济等地，其中以印度出产的"老山檀"质量最好。印度已经将檀香树作为政府财产，禁止一切私自采伐、贩卖，如果被查到都会判刑，所有出口的树材必须有政府审批。老山檀的真正产区是印度北部迈索尔地区，如果不在这个地区，即便是印度出产的檀香，也不能称为老山檀。老山檀的颜色是棕红色或者更深的巧克力色，并有暗红色的细密纹路，香气极为浓郁，以奶香气最为突出，并伴有甜凉。

汤加是位于南太平洋的一个岛国，出产的檀香称为"东加檀"。东加檀老料的颜色就像巧克力，味道清甜。但是由于乱砍滥伐，好料存量极少，东加檀也是排名第二好的檀香。

澳大利亚出产的檀香被称为"澳檀"。因为中国台湾、香港、澳门地区把澳大利亚的"悉尼"翻译成"雪梨"，所以又有人称其为"雪梨檀"。澳檀生长在赤道附近，气候炎热，生长比较快，颜色比老山檀浅，纹路比较宽，香气浅淡，没有奶香。因为产量高，澳檀是世界各地使用量最大的香料之一，多数檀香精油也是使用澳檀提炼的。

印度尼西亚出产的檀香被称为"印尼檀"或"新山檀"。之所以名称与产地不符，是因为当初台湾商人发现了这个地区也有檀香，作为商业秘密不愿意让人知道这种檀香的真正产地，便称其为"新山檀"。印尼檀的香气寡淡并略带酸气，所以不能入品，只能做一些雕件、文房等器具。

檀香的作用

檀香具有行气、理气、消炎、解毒、解渴之功效，如果有伤口，可以用檀香涂抹消炎。

在生活中，我们见到最多的就是礼佛时用到檀香。无论是在盛大的佛教法会上，要用檀香浴佛，还是在庄严的佛堂中，

焚香礼佛，有了檀香的冷静香气，便平添了一种肃穆的感觉。檀香在佛教中的意义是神圣的。《陈氏香谱》引叶庭珪云："檀香出三佛齐国，气清劲而易泄，爇之，能夺众香。"《华严经》里提到，檀香对于营造庄严肃穆的氛围起到了非常大的作用："百万亿栴檀宝帐，香气普熏。""百万亿黑栴檀香、百万亿不思议境界香、百万亿十方妙香，百万亿最胜香、百万亿甚可爱香、咸发香气，普熏十方……""散无数种种色天华、然无数种种色天香，供养如来……持无数种种色天梅檀末香，奉散如来……"

很多人会认为檀香一定是用来静心的，其实不然，檀香在佛教中最初的作用是这样的。

古印度人很早就懂得用香来治疗疾病，"香药"一词的起源与印度"涂香之法"关系甚密。涂香始于公元前1500年左右，当时印度河流域已有了涂香的方法。《毗尼母经》（卷第五）中云："天竺土法，贵胜男女皆和种种好香，用涂其身，上著妙服。"

又《大智度论》（卷第三十卷、第九十三）云，印度暑热甚烈，人体易生臭气，故其地风俗遂以杂香捣磨为粉末，用以涂身、熏衣并涂地上及墙壁。《金刚顶经瑜伽修习毗卢遮那三摩地法》中记载："次结金刚涂香印，以用供养诸佛会，散金刚缚如涂香，香气周流十方界。梵咒曰：唵苏蠍汤馋。由于金刚涂香印，得具五分法身智。"因以涂香供养诸佛、菩萨，获大功德，所以佛教密宗经典将涂香与阏伽、花鬘、烧香、饮食、灯明等并称为六种供养。

而涂香的习惯也传入了中国，唐宋时期，佛教徒入寺院礼佛必须涂香以示尊敬，到明代以后，这种方式逐渐消失。

因此，檀香在佛教中最初的作用，第一是去除汗臭味，第二是驱虫辟疫，第三是提神醒脑。

佛堂中间的佛像前，一般会供奉香、花、水，表示对佛的尊敬和崇拜。供花和供水现代人都能做得很好，但是供香要稍微说说。忙碌的现代人已经没有时间供香了，常用电香代替，长时间点在那里，佛像前一边一盏小电灯。其实这样的做法永远不能代替纯天然香品的作用，这种形式化的东西不可取。还有就是买那些化学香，早课、晚课都要做，熏得屋顶、墙壁都是黑色的；佛像前的香炉里，白色的香灰一堆，不点时也散发着熏人的气味。很多人在家设立的佛堂免不了和生活的居室在一起，这样长时间熏点化学香对人体还是非常有害的。

檀香还有助情的功效，中国本土宗教道教是不用的。

龙脑香

我们每次上品香课时，只要这款和香里有龙脑香，总会优先被学生们闻出来。它那清凉无比、霸气十足的香气，总是第一时间蹿入鼻腔，让人想不闻都不行。

《香乘》中记载："咸阳山有神农鞭药处，山上紫阳观，有千年龙脑，叶圆而背白，无花实者，在树心中，断其树，膏流出，作坎以承之，清香为诸香之祖。"从这里我们可以得知，龙脑香是一种结在树芯的树脂。

四大名香"沉檀龙麝"中的"龙"，存在争议，有人说是龙涎香，有人说是龙脑香。我们在这里姑且不论对错，因为龙脑香无论是否进入四大名香之列，它都值得被好好说一说。

龙脑香的特征及作用

龙脑香，古文中别称"瑞龙脑"或"瑞脑"，是龙脑香树所产的树脂。婆律膏、龙脑膏、龙脑油、婆律香，都是龙脑香树的液体树脂油。宋代唐慎微在《证类本草》中，指出了龙脑香和婆律膏的形态和区别："（龙脑香）形似白松脂，作杉木气，明净者善。久经风日或如雀屎者不佳……婆律膏，是树根下清脂。龙脑，是根中干脂……南海药谱云：龙脑油，性温，味苦。本出佛誓国。此油从树所取，摩一切风。"

龙脑香与冰片不是完全相同的东西，冰片包括龙脑冰片和用其他方法提炼出来的冰片。除了龙脑香树可以产出天然龙脑冰片外，从龙脑樟树、艾纳香中提取，或由松节油、樟脑化学加工得到的冰片，也是真正的冰片，成分都是龙脑。

龙脑香的外表呈浅黄色或乳白色的半透明晶体，大而成片的称为"梅花脑"，其次称为"速脑"，金色细长的称为"金脚脑"，细碎者称为"米脑"，木屑与碎脑相杂者称为"苍脑"。《香乘》中记述："西方秣罗矩叱国，在南印度境。有羯婆罗香树，松身异叶，花果斯别。初采既湿，尚未有香，木干之后，循理而析，其中有香状如云母，色如冰雪，此所谓龙脑香也。"

龙脑香的产地有印度尼西亚、马来西亚、菲律宾等，其树高一百尺，用刀割破树皮，会有白色树脂流出，等干燥后，即成为龙脑香。《证类本草》说："龙脑香……其木高七八丈，大可六七围，如积年杉木状，旁生枝，叶正圆而背白，结实如豆蔻，皮有甲错，香即木中脂也。"

唐代孙思邈在《千金翼方》中，指出了龙脑香的形态和作用："味辛苦，微寒。一云温，平，无毒。主心腹邪气，风湿积聚，耳聋明目，去目赤肤翳。出婆律国，形似白松脂，作杉木气，明净者善；久经风日，或如雀屎者，不佳。"

龙脑香最早是由国外进贡来的高级香料，《隋书》（列传卷四十七，赤土）中说，常骏等人，奉隋炀帝之命出使赤土国，赤土国王派儿子那邪迦"随骏贡方物，并献金芙蓉冠、龙脑香"。赤土国位于现在的马来半岛南部。

如此稀有的香料，在古代只能由贵族专享。相传，龙脑香在古代是皇帝出行时专用的香料。那时候，龙脑香都是进口御用，每次皇帝出行时都要在路边撒龙脑香，以示尊贵。皇帝过后，宫中人就用孔雀翎将地上的龙脑香扫起收好，因为孔雀翎不会将地上的尘土一并扫起，这样可以保持香料的干净，以备下次再用。

认 识 香 料

《旧唐书》（本纪卷十八，宣宗）中记载："旧时人主所行，黄门先以龙脑、郁金藉地，上悉命去之。"《杜阳杂编》中说："先是，宫中每欲行幸，即先以龙脑、郁金藉其地。自上（宣宗皇帝）垂拱，并不许焉。"宋代庞元英在《文昌杂录》中说："唐宫中每有行幸，即以龙脑、郁金布地。至宣宗，性尚俭素，始命去之。方唐盛时，其侈丽如此。"《香乘》中记载："翠尾聚龙脑香：孔雀毛著龙脑香，则相缀，禁中以翠尾作帚，每幸诸阁，掷龙脑香以避秽，过则以翠尾帚之，皆聚无有遗者，亦若磁石引针，琥珀拾芥物，类相感然也。"

龙脑香一贯是晶莹剔透的，离很远就能闻到那凉彻心间的味道，所以很多人认为它是凉性的。实则不然，它秉承着香料的一贯属性——温热，只不过是极热之性，反而体现出凉意。《本草集要》中提到："龙脑太辛善走，故能散热……世人误以为寒，不知其辛散之性，似乎凉尔，诸香皆属阳，岂有香之至者，而性反寒乎？"所以，医家称其为热、辛、温、苦、无毒、阳中之阳。

龙脑香一般用于和香，单独清闻时，清凉馥郁、甜美芬芳。加热后略带水果味，清凉，香蹿到喉头，亦使舌下生津。也可以将龙脑香涂于衣领上，醒神凝气，香随身移，乐之快之。

香方

古代用龙脑香和香的香方有很多，但一般用量极少。

唐开元宫中方：沉香二两，檀香二两，麝香二钱，龙脑二钱，甲香一钱，马牙硝一钱，为细末，炼蜜和匀，窨月余，取出，旋入脑麝，丸之，或做花子，蒸如常法。

荀令十里香：丁香半两强，檀香、甘松、零陵香各一两，生龙脑少许，茴香半钱略炒。右为末，薄纸贴，纱囊盛配之。其茴香生则不香，过炒则焦气，多则药气，少则不类花香，须逐旋斟酌，添使旖旎。

古籍中也记述着很多有关龙脑香的故事。

《清异录·武器·风流箭》中记述："宝历中，帝（唐敬宗）造纸箭竹皮弓，纸间密贮龙麝末香。每宫嫔群聚，帝躬射之，中有浓香触体，了无痛楚。宫中名'风流箭'，为之语曰：'风流箭，中的人人愿。'"

《酉阳杂俎》中记述："天宝末，交趾贡龙脑……禁中呼为瑞龙脑。上唯赐贵妃十枚，香气彻十余步。上夏日尝与亲王棋，令贺怀智独弹琵琶，贵妃立于局前观之。上数子将输，贵妃放康国猧子于坐侧，猧子乃上局，局子乱，上大悦。时风吹贵妃领巾于贺怀智巾上，良久，回身方落。贺怀智归，觉满身香气非常，乃卸幞头贮于锦囊中。及二皇复宫阙，追思贵妃不已，怀智乃进所贮幞头，具奏它日事。上皇发囊，泣曰："此瑞龙脑香也。'"

《独异志》中记述："玄宗偶与宁王博，召太真妃立观，俄而风冒妃帔，覆乐人贺怀智巾帻，香气馥郁不灭。后幸蜀归，怀智以其巾进于上，上执之潸然而泣，曰：'此吾在位时，西国有献香三丸，赐太真，谓之瑞龙脑。'"

《香乘》中记述："（遗安禄山龙脑香）贵妃以上赐龙脑香私发明驼，使遗安禄山三枚余归寿邸，杨国忠闻之，入宫语妃曰：'贵人妹得佳香，何独吝一韩司橡也？'妃曰：'兄若得相，胜此十倍。'"

《香乘》中还记述："赐龙脑香：唐玄宗夜宴，以琉璃器盛龙脑香，赐群臣。冯谧曰：'臣请效陈平为宰。'自丞相以下皆跪受，尚余其半，乃捧拜曰：'敕赐录事冯谧。'宗笑许之。"

龙涎香

《陈氏香谱》中记载:"龙涎出大食国。其龙多蟠伏于洋中之大石,卧而吐涎,涎浮水面。人见乌林上异禽翔集,众鱼游泳争嚼之,则夭取焉。然龙涎木无香,其气近于臊,白者如百药煎而腻理,黑者亚之,如五灵脂而光泽。能发众香,故多用之,以和香焉。"

龙涎香出自大食国(现阿拉伯半岛)。这条龙伏卧于海洋中的巨石上,并吐出很多的唾液,唾液浮于水面。人们看见很多奇异的鸟盘踞在茂密的树林上空,很多鱼争相抢食,人们用长柄带钩的工具将其取上来。然而,龙涎香清闻起来并没有香味,反而有些腥臊

认 识 香 料

之气。白色的就像百药煎（一种中药）且肌理细润；黑色的更次一些，就像五灵脂（一种中药）且有光泽。龙涎香能发众香，所以多用来和香。

其实，龙涎香是生活在海里的抹香鲸吃了很多带有吸盘和角质物的生物（例如墨鱼、乌贼）后，伤害到了肠胃，抹香鲸的胃里便自动分泌出一种物质，将这些吸盘和角质物包裹住，以保护自己的肠胃，这些包块状的东西就是龙涎香。一般来说，如果这些包块还在抹香鲸的胃里，通过捕杀取出来的龙涎香的品质并不是很好；如果是自然排出体外，那这时的龙涎香的品质是很好的。

龙涎香最重的有一百五十多斤，有白色、灰色、褐色、黑白相间等颜色，质轻浮于水面，为蜡质。

龙涎香也称"阿末香"，刚采时，是一团胶状物质，干后形成固体硬物。它并不像人们传说的清闻起来有异香，而是抹香鲸刚排出体外时很腥臭，等到随着海浪漂浮到岸上以后，再经过太阳暴晒，腥臭味才逐渐变淡，但也不香。我曾闻过很多样本，有白色的，有灰色的，还有化在瓶子里的液体，都没什么特别的香气，单独燃烧时气味并不是特别好闻。

虽然它的香气单独闻没什么特别之处，但是它在和香里却有特别好的功效，可以加强和香的层次感，使香气更加温润。

它还是极好的定香剂，有极强的聚烟功能。虽然龙涎香的量很少，价格又极其昂贵，但是早在一千二百多年前，它就是上流社会很多富豪一掷千金的奢侈品。

宋代就有记载，龙涎香不仅可以调和众香的香气，其聚烟功效也是人们非常看重的。人们将多种香料和合在一起，只需要一点龙涎香，焚烧起来，青绿色的烟袅袅上升，聚拢不散，甚至可以用剪刀将烟剪成几缕。

龙涎香因其极好的和香功效，历来被皇帝和士大夫所追求。那个时候龙涎香的价格极贵，因此很多人开始用和香去模仿龙涎香的气味和感觉。《陈氏香谱》里有二十四个香方是模拟龙涎香的，例如，王将明太宰龙涎香、杨吉老龙涎香、古龙涎香等。这二十四个香方中只有两个香方里加入了真正的龙涎香，而且用量极少。

王将明太宰龙涎香：金颜香一两，石脂一两，沉、檀各一两半，龙脑半钱（生），麝香半钱。

杨吉老龙涎香：沉香一两，紫檀（百檀中紫色者）半两，甘松一两（去土），脑、麝各二分。

以上这两个香方中都没有加入龙涎香真品，只是用其他香料来模仿龙涎香的气味特点及感觉。

目前市面上龙涎香很少见，价格也很昂贵，是最少用到的香料。但是随着近些年人们都追捧单品沉香和中国香事文化的普及，和香的理念逐渐扎根于人们的思想中，和香所用的原料开始出现在商家里，以前只卖沉香、檀香的，现在也开始卖其他香料了。

这其中，由于见过龙涎香的人很少，市场上便有很多商家用鲸脑油、酯化蜡、鲸蜡油等以假乱真。有些香友买到了假的龙涎香，也浪费了很多其他好香料。因为能买龙涎香和香的香友，用到的其他香料都不会差，比如沉水级别的沉香、老山檀、麝香、白乳香、绿乳香等，这些都需要花费不少"银两"。也有一些香友因为买到假货，和香后觉得气味难闻得要命，而下了结论——龙涎香一点都不好闻。

那么，如何鉴别真假龙涎香呢？《陈氏香谱》中记载："温子皮云：'真龙涎，烧之，置杯水于侧，则烟入水，假者则散。尝试之，有验。'"中国台湾香学大家刘良佑先生撰写的《香学会典》里写道："用针尖在火上烧红后插入香中，并立刻顺手将针抽出。在将针抽出时，针尖上会带有一小粒水滴状的溶化香汁。凡是不能轻易而顺利地将针插入香中，或者插入后会黏针的，或是抽出针后，针尖上不带香汁的，只要发生以上任何一种状况时，若不是仿冒品，就是掺假或是品质低劣的龙涎香。"

麝香

麝香是雄性麝鹿在发情期，肚脐与生殖器之间的性腺囊里形成的，可以吸引异性的，具有浓烈香气的腺体分泌物。为了吸引异性，这种香气异常浓烈，可以传播很远。如果离得比较近去闻，就是很熏人的臭味。有的猎人在捕获麝鹿取麝香时，要遮住口鼻，以防被这股浓烈的气味所熏倒。

麝鹿生活在海拔较高的地方，一般单独行动，嗅觉、视觉、听觉都很灵敏。雄性麝鹿一般从 1 岁开始就分泌麝香，3~12 岁是旺盛期，要形成较好的麝香仁，需在 8~10 岁。冬季和初春为麝鹿交配期，麝香分泌旺盛，所以多在此时取香。

  麝香自古以来就是名贵的中药，《神农本草经》将其列入上药："味辛温。主辟恶气，杀鬼精物，温疟，蛊毒，痫痉，去三虫。久服除邪，不梦寤魇寐。生川谷。"

  麝香一般不单独使用，均为配制和香时与其他香料一起使用，是非常好的扩香剂。《陈氏香谱》的115个香方里，72个里有麝香，仅次于沉香，排在第二位，可见麝香在和香中的重要地位。

  麝香因产区不同，品质也不同，分为四个等级。第一个等级是最好的，产自中国西藏、四川西北部、青海东南部山区，统称"西藏麝香"；第二个等级产自中国甘肃、山西，蒙古国，俄罗斯西伯利亚南部，称为"卡巴汩麝香"；第三个等级产自中国云南，因其包囊的外膜呈现褶皱状，像猪脸一样，称为"猪脸麝香"；第四个等级产自中国西藏南部阿萨姆地区，尼泊尔，这种麝香个头小、品质差，因此只在当地使用，没有进入市场。

降真香

降真香是豆科降香属藤状香材，是一种多年生的木质藤本植物受伤后，分泌油脂修复伤口，再由真菌感染后所形成的香。结香方式与沉香类似，皆因伤蕴香。降真香喜潮湿，攀附于岩石、树木生长，一块自然成香的降真香，通常需要50年以上。

降真香又称"紫藤香""鸡骨香"。主要产自中国海南及缅甸、老挝、越南、泰国、马来西亚、印度尼西亚等地，与沉香产地基本相同。分为大叶和小叶两个品种，大叶品种只有降香的气味，小叶品种才会有丰富的气味变化以及软糯紫油的品质，也就是市面上俗称的棋楠级降真香，这是用棋楠香的特质来形容降真香的品质。

目前只有缅甸和中国海南的少部分地区发现了小叶品种，其他大部分地区出产的都是大叶品种。缅甸降真香，古称"番降真香"，或"紫润降真香"。降真香和降香不是同一种东西，降香是蝶形花科黄檀属的植物，也叫降香黄檀，也就是人们熟悉的黄花梨。

《香乘》中这样描述降真香："生南海山中及大秦国，其香似苏方木，烧之初不甚香，得诸香和之则特美。入药以番降紫而润者为良。"降真香比起其他香料的味道更为清淡，然而灵动飘逸的味道却极富变化。花香、蜜香、奶香、果香、椰香……随着时间的推移，味道变幻莫测，被称为"一藤五味"。

《本草品汇精要》中记载："烧之能引鹤降，功力极验，故名降真，宅舍怪异烧之，辟邪。"

《本草纲目》中记载："辛温无毒。小儿带之辟邪恶气，疗折伤、金疮，止血定痛，消肿生肌。"

黎族是海南最早的居民。在得天独厚的环境中，形成了极具特色的黎医黎药。天地亿万年的蕴养，馈赠给黎族人自然天成的医药理念。特别是对香的应用，更是出神入化。降真香在黎医黎药中，有着极重的地位，被称为"总管藤"，可以止血定痛、消肿生肌。黎族人入山，常带降真香在身上，驱虫救急，以保平安。

《名医传》中讲述了这样一个故事："周崇被海寇刃伤，血出不止，筋骨如断，用花蕊石散不效。军士李高，用紫金散掩之，血止痛定，明日结痂。如铁遂愈，且无瘢痕。叩其方，则用紫藤香，瓷瓦刮下研末耳。紫藤香即降香之最佳者，曾救万人。"

降真香不仅是一味中药，还是一种配制和香时极其重要的香料。《陈氏香谱》中使用了将近80种香料，降真香排在第二十三位。降真香的扩香性不是很好，所以不适合单独焚烧，更适合和香。

《香乘》里记录了四个降真香的配方：清心降真香、宣和内府降真香、降真香一、降真香二。

清心降真香：紫润降真香四十两（锉碎），栈香三十两，黄熟香三十两，丁香皮十两，紫檀香三十两，麝香木十五两，焰硝半斤，白茅香三十两，拣甘草五两，甘松十两，藿香十两，龙脑一两，右为细末，炼蜜溲和令匀，作饼爇之。

这里的紫润降真香应为含油量极高、质量极好的小叶降真香；紫檀香不是现在我们做家具的紫檀，而是含油量极高、近乎深紫色（或巧克力色）的白檀，也就是俗称的檀香。

我们在很多古诗词、古籍中看到的，都是降真香的和香。就像白居易在诗中写的："醮坛北向宵占斗，寝室东开早纳阳。尽日窗间更无事，唯烧一炷降真香。"

挑选一款适宜的和香

美艳的香会致癌吗

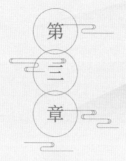

第三章

香品的选择

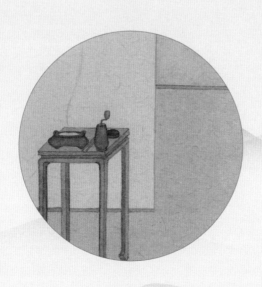

挑
选
一
款
适
宜
的
和
香

　　当我们对香料有了些许了解后，就要开始学习一些和香的知识，以便在今后选择和使用香品时，从容应对，而不会面对众多品种不知所措。

　　和香，在历朝历代的文献中用字混乱，有"和"，也有"合"。最早出现在范晔写的《和香方》中，用的"和"。"和"不仅是相加的关系，还是乘方的关系，有融合在一起而产生更多东西的意思。因此我认为，和香真正的意义不是几种香料气味的相加，而是融合在一起后产生了一种新的气味。

和香的由来

中国香事文化的历史，几乎就是一部和香的历史。魏晋南北朝时就已经出现了和香，在此之前也有将各种香料不混合，但是同时点燃的情况。和香的演变过程也是随着人类对于香料的认知程度，可获得的香料种类多少而逐渐成熟的。

唐代以前的香方追求气味浓郁，烟气也比较大。从宋代开始，中国人的气味审美发生了很大的变化，开始追求宁静致远、清新脱俗的感觉，焚香的方式也逐渐变成以无烟的隔火熏香为主，并按照中药配方原理形成了"君臣佐使"的和香配方结构。因中药中的"使"多以芳香药物为主，而香方中基本都为芳香药物，所以近些年也有人将其改为"君臣佐辅"。

君香：和香中最主要的气味，以一种或两种香料为主，特殊情况下也有数种同用的情形，在使用数量上也是占比最大的。如沉香、檀香等。

臣香：辅助、衬托、增加主香的气味，使其味道更加丰满。如檀香、降真香、柏木香等。

佐香：一般用于定香、发烟以及增加和香的层次感。如龙涎香、麝香、艾纳香、丁香、乳香等。

使（辅）香：用于黏合。如炼蜜、枣肉、榆树皮、楠木粉等。

《香乘》中用"君臣佐使"的概念来解释笑兰香的配方:
"吴僧馨宜作笑兰香。即韩魏公所谓浓梅,山谷所谓藏春香耶。
其法以沉为君,鸡舌为臣,北苑之鹿,秬鬯十二叶之英,铅华
之粉,柏麝之脐为佐,以百花之液为使,一炷如芡子许,焚之
油然郁然,若嗅九畹之兰,百亩之蕙也。"

以沉香为君香,以鸡舌香即母丁香为臣香,以北苑之尘
即北苑茶(宋代名茶,北苑茶又叫建溪茶,产自现在的福建省
建瓯市凤凰山)、黑黍与郁金一起酿制的酒、铅粉、麝香为佐
香,百花之液为蜂蜜,炼蜜为使,和合后做成芡实大小,焚烧
起来,香气浓郁且飘散极远,就像几百亩的兰草及佩兰所发出
来的香气。

《宋书·范晔传》中记述了范晔写的《和香方》序:"麝
本多忌,过分必害。沈实易和,盈斤无伤。零藿虚燥,詹唐粘
湿。甘松、苏合、安息、郁金、奈多、和罗之属,并被珍于外
国,无取于中土。又枣膏昏钝,甲煎浅俗,非唯无助于馨烈,
乃当弥增于尤疾也。"

范晔(公元398年—445年),是魏晋南北朝时期的一
位官员,也是一位史学家、文学家。其著作有《后汉书》,与
《史记》《汉书》《三国志》并称"前四史"。他家学渊博,
擅长书法,精通乐律,对于香料也有很多研究,并写了中国历

史上第一本关于和香的著作《和香方》。只可惜《和香方》一书已经失传，只在《宋书·范晔传》中留下了书的序。作者也借香料的特性暗喻人性的险恶，因此受到了官场同僚的排挤。

这段序中非常明确地写出了和香中各种香料的使用禁忌。麝香有强大的通经活络功效，在和香中绝对不能大量使用；沉香平实，可以和合众香，在和香中可以多用；零陵香、藿香属于枝叶，性虚燥，属于发散的香料；詹唐香黏湿；甘松、苏合、安息、郁金、奈多、和罗等香都是从外国进口的，不是中国本地所产。枣膏昏钝，甲煎浅俗，两者对于幽雅的香气没有好的帮助，多了反而会让人讨厌。

这里面总共讲了十三种香料，涉及香料的产地、配伍、用量、性状等。古人在几千年的和香历史中总结出了非常多的经验，即便是作为使（辅）香的黏合剂，也是极为讲究的，讲究到四季都会用到不同的物质。《香乘》中记载："夏白芨，春秋琼枝，冬阿胶。"

继南朝宋范晔的《和香方》后，历朝历代出现了很多关于香的著作。例如，丁谓的《天香传》，颜博文的《香史》，沈立的《香谱》，洪刍的《香谱》，叶庭珪的《南蕃香录》《名香谱》，曾慥的《香谱》《香后谱》，陈敬的《陈氏香谱》《新纂香谱》，周嘉胄的《香乘》，等等。

也有一些讲文人生活的著作，其中必有香与香器。例如，韩熙载的《香花五宜》，文震亨的《长物志》，李渔的《闲情偶寄》，高濂的《遵生八笺》，屠隆的《考槃馀事》，等等。

历代医书中也不乏和香配方的记载，在用途上也非常丰富。例如，李珣的《海药本草》《太平惠民和剂局方》，孙思邈的《千金翼方》，葛洪的《肘后备急方》，李时珍的《本草纲目》，等等。这些古籍里记述了和香的诸多使用方法，焚烧、沐浴、口含、佩戴、熏衣、计时、祭祀等。

古人仅是在汉代以前使用中原地区所产的一些单方香，随着国家疆域的扩大，香料的数量不断增多，人们开始将各种香料和合在一起使用。在长期的实践中，人们慢慢摸索出了各种香料的特性以及配制和香的方法。

和香的分类

中国的和香分为两类，一类是根据中医相关理论和合出来的，注重功效，使用时应按照医理，使用频率也有一定的要求；另一类是文人香，比较注重气味的审美以及意境的体现，讲究形制、用法、器具等和谐搭配。

唐代是中国香事文化发展的第一个高峰期。由于国力强大，疆域广阔，文化繁荣，中国成为世界上的超级大国，各国纷纷来朝圣，并奉上本国的奇珍异宝，这其中就有大量的香料。盛唐时期，龙涎香是最后一种进入中国的香料。当时用香、制香的人几乎都是社会的精英阶层，所以香品在种类、做工、用法等诸多方面都有了极大的进步。

到宋元时期，中国香事文化发展到了巅峰，众多人士投入到制作、使用、歌颂香品的队伍中来。和香也从不同场所、不同功效的使用，发展到模拟某种气味，说明古人对于不同香料气味的把握已经到了炉火纯青的地步。

形态及功效

古人将香品制作成不同的形式，以产生不同的作用。

1. 粉状

这种香是用各种香料配伍、炮制后，打粉和合在一起。不仅可以涂抹在身体上（称为"涂香"），还可以熏烧，多用来制作篆香。

香料的炮制是非常繁复的，制作一款和香，前期的炮制费时费力，这也是和香不便宜的原因之一。

傅身香粉:

英粉别研、青木香、麻黄根、附子炮制、甘松、藿香、零陵香各等份,右除英粉外同捣罗为细末,以生绢夹袋盛之,浴罢傅身上。

百刻印香:

栈香三两,檀香二两,沉香二两,黄熟香二两,零陵香二两,藿香二两,土草香半两去土,茅香二两,盆硝半两,丁香半两,制甲香七钱半,龙脑少许。右同末之,烧如常法。

2. 丸状

在已经按照香方和合好的香粉中加入炼蜜,做成鸡头米大小的丸子,经窖藏后方可使用,可以隔火熏,也可以空熏。

制作香丸需要先炼蜜。天然蜂蜜为生蜜,性凉;炼过的蜜为熟蜜,性温。炼蜜的作用是将各种香粉软化,便于成型,并起到防腐的作用。

南宋许洪《指南总论》里讲道:"白蜜凡使:先以火煎,掠去沫,令色微黄,则经久不坏,掠之多少,随蜜粗精。"这种方法也是我们现在常用的方法,比较快捷。

《陈氏香谱》中记载:"白沙蜜若干,绵滤入磁罐,油纸重选,密封罐口,大釜内重汤煮一日,取出,就罐于火上煨煎数沸，便出尽水气，则经年不变。"这种方式是隔水蒸煮，最后的结果是一样的，都是去除水汽，但是要蒸一天，比较费时间。

蜜本身也有气味，所以《陈氏香谱》中特别说明了如何去除蜜气："若每斤加苏合油二两更妙，或少入朴硝除去蜜气，尤佳。"

香粉加蜜和匀后，最重要的一个步骤就是制作香丸。现在很多人做香丸时没有耐心，只是简单揉搓一下就完成了。其实，这一步要耗费很长时间和精力。据《陈氏香谱》记载，要捣百余下、三五百下或千余下，使香药和炼蜜形成胶状，轻易地合成蜜丸，且表面有光泽。宋代颜博文在《香史》中专门讲道："香不用罗量，其精粗捣之，使匀。太细则烟不永，太粗则气不和，若水麝婆律须别器研之。"

香丸做好以后，还有一步很重要，就是窖藏。窖藏前可以挂衣也可以不挂，挂衣就是在香丸外撒上细粉、花瓣、香箔等，或者加入脑麝以助香。窖藏的时间从七天到数月均可，根据不同的配方而定。这是各种香料和合、陈化的过程。

宋代沈立的《香谱》中记载："香非一体，湿者易和，燥者难调；轻软者燃速，重实者化迟。以火炼结之，则走池其气。故必用净器，拭极干，贮窖蜜（密），掘地藏之，则香性相入，

不复离解。新和香必须窨，贵其燥湿得宜也。每约香多少，贮以不津瓷器、蜡纸封，于净室屋中掘地，深三、五寸，月余逐旋取出，其尤旖旎也。"

3. 印状

除了香丸以外，古人还喜欢在香粉中加入黏合剂，放入印模，拓印成各种形状，也叫香饼。

制作香饼的黏合剂一般为白芨。用少量冷水将所有材料和匀，放入事先刷了油的模子中成型，然后脱模晾干即可。

从史料记载来看，香饼在古代的用途也极其广泛，佛教会使用，帝王、文人等也会在日常使用。香饼的形状也非常多，有圆形、圆腰形、如意形、七星形、六星形、花瓣形、四方形等，甚至还有凹凸的云龙纹等，其大小从 2.3 厘米到 4.5 厘米不等。

4. 花露

类似于现在的精油，将挥发性强的一些鲜花通过蒸馏的手法收集起来。

例如《陈氏香谱》中的记载的南方花：

温子皮云："……凡是生香，蒸过为佳。"每四时遇花之香者，皆次次蒸之，如梅花、瑞香、酴醾、密友、栀子、末利（茉莉）、木犀（桂花）及橙橘花之类，皆可蒸。他日爇之，则群花之香毕备。

古人喜欢花香，但从不用干花入香，因为干花中的芳香物质早已丧失，入香后非但没有香气，反而会产生很大的烟气。用蒸的方式，可以将花中的芳香物质浸润在香骨中，再熏烧香骨，即可闻到花的气味。

《陈氏香谱》中还有一个方子，花熏香诀：

用好降真香结实者，截断约一寸许，利刀劈作薄片，以豆腐浆煮之，俟水香，去水，又以水煮至香味去尽，取出。再以末茶或叶茶煮百沸，漉出阴干，随意用诸花熏之。其法：以净瓦缶一个，先铺花一层，铺香片一层，铺花一层及香片，如此重重铺盖了，以油纸封口，饭甑上蒸，少时取起，不得解。待过数日取烧，则香气全矣。

和香在使用场所、功效上也有很详细的分类。

（1）衙香：也称牙香。衙既衙门，办公场所。衙香是适合公众的、正式的场合所用的香，这里面也包括祭祀和寺庙里用的香。

（2）帐中香：也称帷中香。属于比较私密的、个人的场合所用的香，例如卧室。

（3）篆香：计时工具。也可在日常居室、宗教礼拜、宴会等不同场合中使用。

（4）熏衣香：用以衣服熏香，配合竹笼、香炉等一起使用，是日常生活的必需品。

（5）佩戴香：将香料制作成各种样子佩戴在身上，例如香包、软香、香珠、香牌等。

（6）涂香：将香粉涂在身上，以及抹在头发上的头油。

（7）食香：将香料制成可以吃的香丸，起到香身香口的作用。

和香的用法

焚香：也叫烧香。是指把香点燃，使其将低温发香、中温发香、高温发香的分子统统表现出来的方式，也是用香当中发香最彻底的方式。主要用于大空间。线香、盘香、香粉等一般都采用焚烧的方式。

熏香：最初主要用来熏衣服，将香分子浸染在衣服或者被褥上。后来也渐指不直接燃烧的发香方式，例如隔火熏香，以香丸为主。

涂香：将天然香料磨成很细的粉，直接涂在皮肤上，或者制作成护肤霜、膏等形式涂抹在身体上。

香汤：古人也称其为兰汤。"汤"在《说文解字》中是热水的意思，并不是指现在喝的汤。最初是将泽兰或佩兰放在水里煮，然后用这个水来沐浴，后来将所有香料煮的水统称为兰汤。现在也有很多人用香药浴包煮水泡澡。

佩香：利用很多香料的芳香分子极其活跃，在低温时也会发出香气的特点，将香料粉碎、和合后装入容器中，自然发香。或者加入适当的黏合剂脱模成型，做成香牌、香珠、软香等，便于佩戴，也可以起到装饰作用。

含香：将香料直接放在嘴里咀嚼，用以香口，类似现在的口香糖。古人用母丁香，也叫鸡舌香香口，阿拉伯人用乳香香口。

1. 香的健康用法有哪些

先定义一下，这里的"香"指的是纯天然的香。香料是纯阳之物，可以提升人的阳气，但是使用时难免会存在一些误区。

任何事物都有个量，再好的东西也不能无限制地使用。香是好东西，但也不能一天 24 小时都使用过于浓郁的香，这反而会耗散人的阳气。如果想长时间用香，就得降低香的浓度，也就是使用味道清淡的香品。

　　每种香料都会有偏性，不能长期使用单方香。以合理的香方、适当的炮制、必要的窖藏为前提制作出来的香品才是好的、安全的。

　　不能只看价格，价格是后天人为制定的，而香料的作用与属性是天生的。价格越高只能在一定程度上说明这个品种越稀有，而不能说明它适合所有人。因此，我们要根据自身情况选择适合自己的香品，而不是随波逐流。

　　2. 礼佛烧香是否存在隐患

　　古时祭祀也好，供佛也罢，只要焚烧天然香料就可以，并没有规定要点几支香的说法。元代以前也没有线香，只有香粉、香丸。因此，礼佛敬神需要的是诚心，不讲究数量和形式。焚烧天然香料一方面可以表示诚心，另一方面可以营造良好的环境，对人的身体也有好处。这是一举两得的事。

　　但今人香案上那些化学香、电灯香就远远起不到这样的作用了。明火是阳火，电火是阴火，电灯香没有阳气，化学香就更不用说了，简直是一个毒气根源，这真是害人也害己。

　　再来说说大年初一寺庙里抢烧高香、头香吧。高香的危害远比化学香要大，不仅有害人体健康，也会极大地破坏方圆几公里内的环境。很多寺庙的和尚因为常年在这样的环境中而得了肺癌。

头香是大年初一寺庙开放后，很多人抢着烧的第一炷香。佛祖本身没有分别心，他要的只是诚意，如果没有诚意，即便抢了第一，也是毫无用处的。而且，修行是为了修自己，给自己看的，而不是秀给别人看的。

对于现代人来说，做什么都要讲究安全、养生，即便是礼佛用香也要注意这一点。

首先，看空间，也就是礼佛焚香时的空间大小。如果在户外，可以使用长一些，例如 28 厘米的香，也可以使用粗一些的香，这样的香扩散力比较好，烟雾浓度也不会太高。如果在比较小的房间里，那么最好用短一些、细一些的香，或者直接隔火熏香，这样就不会有烟气，也不会影响人的健康。

其次，看经济条件。香品的价格取决于香料的贵贱，香料的贵贱取决于香料的存世量和产出时间。因此，不用一定追求极其昂贵的香品，只要是天然香就可以。当然，如果有一定的经济能力，每天使用好的香品，更可以愉悦自己。

最后，看便利。如果在自己家里或者其他属于自己的场所，可以根据自己的喜好，选择略加繁复的用香方式；如果在其他场所，最好按照当时的条件，不要特别挑剔，只要是天然香即可。

3. 古装剧里用香有哪些

《红楼梦》

《红楼梦》原著中的用香情节有一百多处，而电视剧中寥寥无几。原著中描写了祭祀、礼佛、养生、避疫、除秽、美容等用香场景。

用香祛秽：

第四十一回："袭人一直进了房门……只闻得酒屁臭气，满屋一瞧，只见刘姥姥扎手舞脚的仰卧在床上……忙将当地大鼎内贮了三四把百合香，仍用罩子罩上。"

熏香加取暖：

第十九回："（袭人）向荷包内取出两个梅花香饼儿来，又将自己的手炉掀开焚上，仍盖好，放与宝玉怀内。"

袭人手炉所焚的"梅花香饼"是以多种香药合制而成，香气似梅花，可佩戴，亦可熏焚。

香品送礼：

香木雕品（沉香拐拄、茄楠念珠、檀香木佛像等）。

第十八回中，元春元宵省亲，送贾母"金、玉如意各一柄，沉香拐拄一根，茄楠念珠一串"等物。

第七十一回中，贾母八十大寿，元春送"金寿星一尊，沉香拐一枝，迦楠珠一串，福寿香一盒，金锭一对"等物。

明清宫廷常以香木雕品及熏香为礼品、寿礼，《国朝宫史》等史籍皆有记载，孝圣皇后六十大寿的寿礼亦有类似物品。

第七十八回："（宝玉）说着，又向怀中取出一个游檀香的小护身佛来，说：'这是庆国公单给我的。'"

第二十四回中，贾芸为谋个大观园的差事，借了十五两银子，买了四两冰片、麝香，谎称是朋友送的，送到荣府，当上了花匠的监工。

香枕：

第六十三回中，宝玉"倚着一个各色玫瑰芍药花瓣装的玉色夹纱新枕头"与芳官划拳。

香露：

第三十四回："袭人看时，只见两个玻璃小瓶，都有三寸大小，上面螺丝银盖，鹅黄签上写着'木樨清露'，那一个写着'玫瑰清露'。袭人笑道：'好金贵东西！这么个小瓶儿，能有多少。'"

其他用法：

第八十八回中，黛玉写经时，叫紫鹃把藏香点上。

第九十七回中，宝玉在婚礼上晕厥之后，家人急忙"满屋里点起安息香来定住他的神魂"。安息香是安息香树的树脂，汉代时自西域传入。后来医家顺字释为安息病邪之气，可辟邪、开窍、醒神。

第一百一十二回中，妙玉在栊翠庵被"强盗的闷香"熏得手足麻木，被抢、失踪。闷香是类似迷药的香。

第一百一十四回中，甄应嘉"知老太太仙逝，谨备瓣香，至灵前拜奠。"瓣香，指香木片、香木块等。

《甄嬛传》

《甄嬛传》是近几年来第一个把香的作用特别讲述出来的，也是第一部让普通百姓了解香事知识的影视剧。在这部场面恢宏、情节曲折的清宫大戏里，却把用香的诸多细节描述细致，几乎囊括了古代所有的用香方式，祭祀、熏香、焚香、沐浴、熏衣、脂粉、佩戴、建筑等。

祭祀：

"案上博山炉里焚着檀香，那炉烟寂寂，淡淡萦绕，她神色淡定如在境外，眉宇间便如那博山炉的清缕一样，缥缈若无。我轻声道：'太后也喜欢檀香吗？'她道：'理佛之人都用檀香，说不上喜欢不喜欢。'她微微举眸看我，'后宫妃嫔甚少用此香，怎么你倒认得？''臣妾有时点来静一静心，倒比安息香好。'"

"太后与皇后、诸妃的焚香祷告并没有得到上天的怜悯……"

香事文化中一直流传着两条用香主线,一个是生活用香,另外一个就是祭祀用香。祭祀用香多用檀香、沉香、乳香等,有焚烧、浴佛等形式。

驱疫:

"棠梨宫中焚烧的名贵香料一时绝迹,到处弥漫着艾叶和苍术焚烧的草药呛薄的气味。"

"时疫之邪,自鼻口而入,多由饮食不洁所致而使脾、胃、肠等脏器受损。臣等翻阅无数书籍古方研制出一张药方,名时疫救急丸……性温祛湿,温肝补肾,调养元气。"

这是香疗最普遍的一种用法,古代很多医家都用香疗的方法来治病。传说香疗的创始人是黄帝的夫人嫘祖,嫘祖的父亲病重得不能吃药了,嫘祖就熏点本来要给父亲吃的药,没过几天,父亲的病居然奇迹般好了。因此,后人也开始使用这种神奇的方法治病。

古代很多著名的医家如张仲景、李时珍等,都曾用此法治好过很多人。

熏香:

"迷蒙间闻到一阵馥郁的花香,仿佛是堂外的西府海棠开放时的香气,然而隔着重重帷幕,又是初开的花朵,那香气怎能传进来?多半是错觉,焚香的气味罢了。"

"宽阔的御榻三尺之外,一座青铜麒麟大鼎兽口中散出淡薄的轻烟徐徐"。

"皇后宫里素来不焚香,今日也用了大典时才用的沉水香,甘苦的芳甜弥漫一殿,只叫人觉得肃静和庄重。"

"有和暖的风涌过,鲛绡帐内别有甜香绵绵透出……不错,是鹅梨帐中香的味道……此香原是南唐国后周娥皇所调,南唐国破后,此法失传已久,不知皇上何处得来?……果真奇香,教臣妾想起棠梨宫的梨香满院。"

"榻边搁着一座绿釉狻猊香炉,炉身是覆莲座上捧出一朵莲花,花心里的莲蓬做成香炉盖,盖顶一只戏球的坐狮,炉里焚了上品沉水香,几缕雪色轻烟从坐狮口中悠悠逸出,清凉沉静的芬芳悄无痕迹在这寂静的殿中萦纡袅袅,飞香纷郁。"

"一席之人如深嗅香炉中淡淡逸出的甜净百合香,皆心驰神醉,不意春残后还有此花开不败之景。一缕宝珠山茶的暖香幽幽荡进心扉,呼吸时只觉得甘甜宁静,箜篌声何时停顿竟无知无觉，唯听得回声柔靡，方知一曲已毕，而心神犹自飘浮在云端。"

"我缓缓走到玄凌榻前，地下青铜九螭百合大鼎里透出洋洋淡白烟缕，皇帝所用的龙涎香珍贵而芬芳。我打开鼎盖，慢慢注了一把龙涎香进去，又注了一把，殿中的香气愈浓。透过毛孔几乎能渗进人的骨髓深处，整个人都想懒懒地舒展开来，不愿意动弹。"

居室熏香不仅可以给空气祛湿，去除污秽之气，还让人身心愉悦、平静，养心、养性。

香烛：

"殿内掌上了灯，自御座下到大殿门口齐齐两排河阳花烛，洋洋数百支，支支如手臂粗，烛中灌有沉香屑，火焰明亮而香气清郁。"

"只觉得眼前尽是流金般的烛光隐隐摇曳，香气陶陶然，绵绵不绝地在鼻尖荡漾。"

想必这就是香味蜡烛的前身吧。古人把纯天然的香料加入蜡烛里，蜡烛燃烧后气味芬芳，不仅起到照明的作用，还能使空气温暖，人心愉悦。现代人喜欢点燃香味蜡烛，进行烛光晚餐，那种浪漫的气息是很多人追求的，尤其受到一些小资、白领阶层的喜爱。

制作香烛，古人用的都是天然香料，而现代人多用化学合成香料，蜡烛外观看起来很美，有各种造型和颜色，气味虽然也是香香的，但是香得让人头晕。这种蜡烛点燃后会产生甲醛、氯乙烯、苯、甲苯、二甲苯、乙苯等有害物质，它们除了对人体的免疫、造血、神经等功能造成危害，临床上以引起皮肤过敏性疾病最为常见。所以，化学香烛最好不要用。

书房：

"默默取一片海棠叶子香印，置于错金螭兽香炉中，点燃之后，那雾白轻烟便带出了缕缕幽香，含蓄而不张扬……香炉捧到窗前，玄凌正埋首书案，闻香抬头，见我来了微微一笑，复又低头。"

读书要静心，因此香与书房结下了不解之缘。无论是皇帝还是文人，都很希望书房里有一位"红袖添香"吧。每每入夜，四周寂静无声，正是读书的好时候，窗外寒风瑟瑟，唯有那炉香温暖可人，缥缈回旋。

沐浴：

"泉露池分三汤，分别是帝、后、妃沐浴之所。皇帝所用的'莲花汤'……皇后所用的'牡丹汤'，妃嫔所用的'海棠汤'……那无瑕美玉浸着盈盈珠汤，水汽缭绕氤氲，缥缈如在仙境，热气腾腾地烘上来，让人几乎忘了身在何处。"

"我疲惫地摇头，水雾蒸起的热气氤氲里有玫瑰芬芳的气味，热热地扑在我的脸上，槿汐舀起一勺勺温热的水浇在我身上……"

历朝历代的皇室贵族、王公大臣都要用香汤沐浴。各种重大的宗教祭拜仪式之前，人们也要用香汤沐浴，以示圣洁、虔诚。

皮肤是人体最大的器官，有很多作用，其中一个非常重要的作用就是吸收。通过角质细胞，经表皮到达真皮，给身体输送营养物质。因此，沐浴可以使人快速恢复精神，放松身心。

熏衣：

"太妃的道袍上有檀香冷冽而甜苦的气味，柔软的质地紧紧贴着我的面颊。"

熏衣熏被是古人每天必做的事，衣服一定要熏过才能穿，尤其是内衣。这样不仅能香身香体，而且也是一种礼仪，以示对别人的尊重。

脂粉、香膏：

"以玫瑰、苏木、蚌粉、壳麝及益母草等材料调和而成，敷在颊上面色润泽若桃花，甜香满颊，且制作不易。"

"婕妤姐姐的鼻子真灵，这是皇上月前赏赐给我的，太医说我有孕在身，忌用麝香等香料做成的脂粉，所以，皇上特意让脂粉坊为我调制了新的，听说是用茉莉和磨夷花汁调了白米英粉制成的，名字也别致，叫作'媚花奴'，既不伤害胎儿又润泽肌肤，我很喜欢呢。"

"我伸手抹了点舒神静气的降真香蜡胶在太阳穴上……"

"我看着浣碧梳成灵蛇髻，将碎发都用茉莉水捱紧了……"

"脂粉"二字里虽然没有"香"字，但是人们总会觉得已闻到了香气。无论是脸上用的还是身上用的，无论是水、粉还是膏，一定都芳香四溢。不仅现代有化妆品这个行业，古代也有，皇宫里还有这样的专职部门，叫造办处。

脂粉本是女人喜欢的，但是一些男人为了讨好女人，也开始研究起脂粉来，并且亲自制作，甚至还有人很喜欢吃，《红楼梦》里的宝玉就是一个例子。虽然这爱好难登大雅之堂，但是仍然有很多人趋之若鹜。

佩香：

"说起那日在倚梅园中祈福，你可带了什么心爱的物件去，是香囊还是扇坠或是珠花？"

"他的身上有幽深的龙涎香，一星一点，仿佛是刻骨铭心般透出来。靠得近，太阳穴上有一丝薄荷脑油清凉彻骨的气味，凉得发苦，丝丝缕缕直冲鼻端，一颗心绵软若绸，仿佛是被春水浸透。"

"她靠近的刹那，有熟悉的香味从她的身体传来。我凝神屏息望去，她的衣服上系了一个小小的金蕾丝绣花香囊，十分精巧可爱。"

古人常佩香，因此诞生了很多赠送情人香包的动人故事。女孩长到快出嫁的年龄，都要学习女红，绣制香包，等待那个心上人出现。香包里会放上香料，情人会随身佩戴，时时嗅着香包里的气息，以解相思之苦。

香包就像固态香水，随时起到香身香体的作用，也可以辟邪、驱疫、驱虫。

建筑：

"恭贺小主椒房之喜……果然里外焕然一新，墙壁似新刷了一层，格外有香气盈盈……椒房是宫中大婚方才有的规矩，除历代皇后外，等闲妃子不能得此殊宠……椒房，是宫中最尊贵的荣耀，以椒和泥涂墙壁，取温暖、芳香、多子之义，意喻

'椒聊之实，蕃衍盈生'。"

"寝殿内云顶檀木作梁……六尺宽的沉香木阔床边悬着鲛绡宝罗帐。"

在建筑里用香料，能使整座建筑处于芳香、温暖的氛围中，对人体是非常有益的。香料从古至今都很昂贵，能在建筑中大量使用香料，不只是财富的体现，也是权力的象征。

现代人也可效法古人，在经济条件允许的情况下，适当使用香料来装修房屋，可以营造一个对人有益的小环境，让人很好地休息和放松。

食用香：

"陵容默然片刻，拣一粒香药葡萄在口中慢慢嚼了……"

很多香料都可以放入食物中，用来提味和增加营养。现在我们厨房里的很多调味料都是香料，除了可以做出美食，也可以用来和香，比如茴香、花椒、大料、桂皮等。

各种香料：

"这一匣子蜜合香是皇上所赐，听说是南诏的贡品，统共只有这么一匣子……此蜜合香幽若无味，可是沾在衣服上就会经久弥香，不同寻常的香料。"

"麝香本就名贵，以妹妹看来，这个应该是马麝身上的麝香，而且是当门子。这马麝惟有西北大雪山才有，十分金贵，药力也较普通的麝香更强……女子不能常用麝香，久用此物，不能受孕，即便有孕也多小产死胎。所以，我虽然生性喜欢焚香，麝香却是绝对敬而远之，一点也不敢碰的。"

"茜纱床滤下明澈如水的霞光，金兽熏炉的口中徐徐飘出几缕淡色轻烟，是苏合香清甜甘郁的芬芳。"

古时的皇宫应该是香料的聚集地，没有哪款香料在皇宫中找不到。很多香料是宫廷专用，也有很多香料是进贡御品。

香料虽然珍贵，但是有的并不适合单独熏烧，只有与其他香料和合在一起，才能显示其独特的魅力。比如，龙涎香、安息香、麝香等。

香具：

"画梁下垂着几个镀银的香球悬，镂刻着繁丽花纹，金辉银烁，喷芳吐麝，袭袭香氲在堂中弥荡萦纡。"

"剪秋走至凤座旁，取过近处那盏镏金鹤擎博山炉，皇后掀开塑成山峦形的尖顶看了一眼……博山炉内的芬芳青烟自盖上的镂孔中溢出，袅袅升起。皇后微眯着眼，掩口看两三缕若有若无的青烟四散开去，终于不见了。"

香球的构造很特别，无论怎么翻滚，香料都不会撒出来，所以很受使用者的欢迎。可悬挂，可手提，还可以熏被。

香具自古样式繁多，博山炉兴盛于汉代，也是使用最久的一种器型。它传承道教的传说故事，营造出仙山的感觉，非常适合熏香，也多是宫廷选择的香具。

自从 2012 年《甄嬛传》播出以来，但凡宫斗剧、古装剧里必会有香。香仿佛一夜之间成了这类剧中不可或缺的道具。在剧中，香可以魅惑、香可以争宠、香可以杀人、香可以堕胎，最次的，香也是剧中一个道具背景，不论是殿堂、书房还是卧室，都离不开一缕袅袅的青烟。但是到现在为止，依然没有看到哪部剧能把古人用香的场景精美、真实地体现出来。

麝香在这部剧里仿佛是一个杀人魔王，凡是碰了麝香的，最后不是不能怀孕就是堕胎。很多人也因此见到麝香就避而远之。有几次上课时，几个 20 多岁的小女生竟然怯生生地问我："老师，我还没结婚呢，能闻麝香吗？"我那时才知道这部电视剧在百姓心中产生了多大的影响。

鹅梨帐中香也是这部剧中比较吸引人的一个香名，使得现在还有商家打着这部剧的名义卖这款香。殊不知，很多人买了之后却很失望，原因是什么呢？有人说，这香一点儿都不好闻，都是电视剧的炒作。那么，我们就来看看它到底是什么来路吧。这款香在《香乘》中叫作江南李后主帐中香，配方中只提到了用沉香和梨子。《陈氏香谱》里还记载了一个香方，江南李主帐中香："沉香四两，檀香一两，苍龙脑半两，麝香一两，马牙硝一钱研，右细剉不用罗，炼蜜拌和烧之。"如果你觉得第一个香方的气味不好闻，可以再试一下第二个，一定会有惊喜。

　　《海上牧云记》中，有个片段是两个贵族在聊天时，其中一个人边聊天边制作了一个篆香，他的神情和动作着实不像在做篆香，很是轻佻，器具也是用的现代制式炉具，总体感觉有些可笑。

　　另外两部热播剧《延禧攻略》和《如懿传》，同是宫斗剧，除了情节吸引人，服装很美以外，表现最好的就是每个人身上都佩戴了香包，卧室帷帐中也挂有香包，其他更多的就是各宫里的香炉中都焚着香。只是有一点需要说明，香炉的摆放一定要注意，香炉一个脚的那面是正面，两个脚的那面是反面，但剧中很多镜头里，香炉都摆放反了。

美
艳
的
香
会
致
癌
吗

经常看到有人买颜色艳丽的香，比如去
国外或者旅游地，总要带点纪念品留念或者
送朋友。这些亮丽的色彩、漂亮的包装，总
会吸引一些人的注意力，但很多人用了以后
也没什么感觉。

有一次，我去一位朋友家做客。为了迎
接我，她特意点上了"漂亮香"。我问她："你
觉得好闻吗？"她一脸疑惑地说："好闻呀！
香不就是这个味吗，不就是有很大的烟吗？
我觉得我这个香比庙里的烟小多了，香味也
好。你看这是玫瑰味的，这是薰衣草味的，
这是茉莉味的。"

然后，我就把准备好的小礼物——一盒纯天然香送给了她，并告诉她："今天开始不要用你自己的漂亮香，先用我这个朴素的吧，用完了，再用你自己的漂亮香。"那天，我们闻着"朴素香"，喝茶聊家常，非常开心。

我临走时问她："你觉得我的香好闻吗？"她不是很肯定地说："还可以吧，但是我觉得有点药味，也不如我的香，比较淡。"我只留了一句话："用完了，再说。"

一个月后，我刚给学生们上完课，中午休息时，这位朋友打来电话："我的天呀，出大事了！"吓得我赶快问："怎么了？"她说："你不是让我一直用你的朴素香吗？昨天用完了，晚上我家孩子闹着不睡。平时我一点香，一会儿他就睡了。昨晚点了漂亮香，没一会儿我家孩子就开始呕吐，一直折腾到早上。我也累死了，还不能睡。"

听了这些，我不由得稍微松了一口气，马上说："你知道是什么原因吗？有可能是你的漂亮香的问题。"她说："不可能吧，以前我也一直用呀！为什么没事？"我又问："孩子不舒服，你自己呢？"她说："昨天他闹的时候，我有点心烦意乱，头有点疼，我以为是他闹的。"我说："漂亮香不要再用了！等孩子好些了，我去看你。"

香 品 的 选 择

三天后，刚好是个周末，我又带了一盒天然香去看她。一进她家，又闻到了"漂亮香"的气味。我说："不是不让你用了吗，怎么还用？"她不好意思地说："今早习惯性地拿出来点上了，可是没一会儿我自己也不太舒服，就给灭了。你鼻子真灵，过了三个多小时了，你还能闻到。"

我很无奈地摇摇头，让她把所有的窗户打开通气。我们坐定后，我直接说："那些漂亮香以后绝对不能再用了，赶快扔了吧！上次没直接告诉你，也是我的不对。因为那些香是化学香，燃烧以后会产生苯、甲苯、二甲苯、甲醛等有害物质，这些可都是致癌的呀！上次没让你扔是因为你自己没有亲身感受，让你扔，估计你也不会扔的。以前你的身体已经习惯了化学香，就像一个水缸里已经装满了浑水，这时再加入浑水，也是没有感觉的。但是，用了一个月的天然香，你的身体已经慢慢干净了，就像一缸清水，再倒入浑水，一下子就能感受到。这时，你和孩子的身体马上有了反应，像呕吐、头痛、头晕等，时间久了，量变到质变，身体就会产生器质性病变，甚至得癌症。"

她惊讶得睁大眼睛："致癌呀，这么严重！我以为只是不好闻而已。"我一边点上我的"朴素香"，一边笑笑说："那当然了！不止这些漂亮香不要用了，你车上的那瓶车载香水也不要用了，都是化学的。还有香味蜡烛、香味纸巾、香味卫生纸等。"三天后，她发了条微信给我："家里含有化学香料的东西统统处理了，全部换成天然香了。"

生活中这样的例子很多，而且还不仅限于这些，香料进入的领域非常多，例如：

洗护品：香皂、洗衣粉、柔顺剂、洗发水、沐浴露、洗手液、各种面霜、爽肤水等。

香水类：很多低端香水、车载香水、车载香膏、空气清新剂等。

日用品：香味蜡烛、香味卫生纸、低端墨汁等。

专业上我们把"朴素香"叫"天然香"，"漂亮香"叫"化学香"。之所以叫"漂亮香"，就是因为它加入了化学染料，外表艳丽多彩。而天然香是不会加入化学染料的，只是香料打粉后原本的颜色。

要想区别天然香与化学香，那就要从以下几个方面说起。

1. 外观

天然香一般是浅棕色，也就是天然植物粉碎加工后的颜色，且含油越多，颜色越深。天然香如果染了颜色，用不了很长时间，颜色就会褪掉，变得斑驳而不好看。因此，天然香没有艳丽的色彩，颜色艳丽的一定不是天然香。但是，没颜色的不一定就是天然香，要多比较。

天然香追求"香气养性"的特质，所以看起来比较朴素，外表不是很光滑。而化学香外表精致华美，表面平滑、颜色艳丽。

2. 味道

清闻时，天然香没有太香的味道，只是纯天然植物和香料所散发出来的幽幽药香之气，似有似无。点燃之后香气出来得很明显，闻起来让人舒畅。香气清新爽神，久用也不会有头晕的感觉；香味醇和，浓淡适中，深呼吸也不觉得冲鼻；气息淳厚，耐品味，多用也无厌倦之感；香味即使浓郁也不会感觉气腻，即使恬淡也清晰可辨。天然香在芳香之中常透出轻微的涩味和药材味。

天然香可以醒脑提神，闻起来有愉悦感，但并不会使人心浮气躁；可以使人身心放松，心绪沉静幽美；有滋养身心之感，使人愿意亲之近之。

檀香的气味一直是比较霸气的，也就是比别的香要浓，但是也不至于到刺鼻的地步。因此，即便是檀香也能分出是否是天然的。

而化学香没有点燃时就有很冲、很刺鼻的香气，有的甚至离很远就能闻到，点燃后会更加刺鼻和熏眼睛。有些卖化学香的店铺，一进门就香得不得了。这些化学香仅是人工香料加上可燃木粉及助燃剂混合而成，虽然有类似天然香料的香气，但是燃烧后并没有养生的功能，毒副作用还会很大，释放出来的甲醛和苯均是致癌物质。

3. 香灰

天然香的香灰基本为深灰色到灰白色，依据含油量而定，含油量越高，灰的颜色越深。而化学香的香灰一般是灰色的，里面有很多黑色物质，那就是助燃剂石灰，也有的香灰全部是白色的。

天然香的香灰不易散，如果是线香，香灰可以留存至少1厘米，还有一些香灰可以留很长，打卷而不掉落。但这一点并不是判断香好坏的标志，只能说类似红土这样的材料没有洗干净而已，并不是什么奇特的现象。天然香的香灰即便掉落在皮肤上也不烫。

而化学香的香灰通常会比较散，留不了多长就会掉下去。这点不是绝对的，要结合其他几点一起来判别。化学香的香灰掉下来会很烫，甚至能在皮肤上烫出水泡来，也有可能引起火灾。

天然香的香灰拍在手上，闻到的是植物燃过的灰味。化学香的香灰拍在手上，仍然有残存的香料味道，皮肤敏感的人，这块皮肤还会有点红，主要是化学合成剂对皮肤的刺激。

4．烟的颜色

天然香燃出来的烟基本为青白色、半透明的蓝色等，像一条飘带在飘动。化学香燃出来的烟为不太透明的白色，临近燃点处呈黑色。

5．黏合剂

使用纯天然黏合剂制造出来的香，润湿后用手可以比较轻松地碾碎，而使用化工胶的化学香，是不容易碾碎的。

6．烫手实验

天然香点燃后，即便用手捋过香头部分也不会烫手，而化学香一定会烫手。但这个实验不要轻易做，除非你已经用其他方法判定它确实是天然香了，可以用这种方法佐证一下，以免伤害到自己。

7．自我感觉

这是最直观的。天然香常会使人产生舒服、愉悦、感动等微妙的身心体验，而化学香几乎没有这种效果，会产生刺鼻、头晕、头痛、恶心等症状。这也正是化学香始终难以逾越的屏障。古人云，好香如灵丹妙药，化病疗疾，开窍通关，悟妙成真，亦非虚言。

8. 价格

天然香均由天然香料、香药合制而成，成本比较高，一个
10~20 克的包装，价格都要百元以上，有的甚至上千元。而
化学香成本极低，一个大约 60 克的包装，价格几元、十几元、
几十元都是有的。

常用香器具有哪些

香灰是否有用处

借由香炭生发文人意境

带着香香走天下

居家怎么选放香炉

第四章

香器具与辅助
用品的选择

常用香器具有哪些

再好的香离开了与之相配的香器具，也只是一种观赏品，而不能让人嗅到它迷人的芳香。不同的香需要不同的香器具，不同的加热方式，还需要种种工具，以完成一系列复杂的过程。很多人对香痴迷，不仅是痴迷它的味道，还痴迷那些爱不释手，精美到可以收藏的器具。

从夏商周的陶炉到汉代的铜炉，再到宋代的瓷炉，乃至现今发明的电香炉，不同时代香器具的演变也随之变化，代表了当时人们的审美观和工艺水平。

香炉

《陈氏香谱》中记载:"香炉不拘银、铜、铁、锡、石,各取其便用。其形或作狻猊、獬豸、凫鸭之类,计随其人之当意作。头贵穿窾,可泄火气,置窍不用大都,使香气回薄,则能耐久。"从这里我们可以看得出来,古人对于香炉的材质使用得极为宽泛,只要是耐火的材质几乎都用到了。至于造型也是种类繁多,依照个人喜好即可。一般会选择祥瑞之兽,在头部打出些气孔,以泄火气。气孔不用多,足够燃烧即可,这样可以控制香燃烧的速度,烟气也会少很多。

香炉是焚香中最重要的、不可或缺的香器。香炉的种类繁多,可以按照不同角度分类。以下按照用途进行分类。

1. 熏香炉

熏香炉多有盖,盖子多为向上的圆弧形,这样有利于泄火气。盖上和炉壁有气孔,这样既可以防止火灰溢出,又可以让足够的空气进入,使香得以充分燃烧。然而,气孔不宜多,香气盘旋回绕,持久不散,也便于观烟。熏香炉一般适于点盘香、锥香、篆香等烟气比较大的香品。古代含动物形象的雁炉、鸭炉、狻猊炉、獬豸炉等都属于熏香炉范畴。

2．承香炉

没有炉盖。多用于能独立燃烧（不用炭火）的香品，如线香、锥香、签香等。

3．卧香炉

用于熏烧水平放置的线香或篆香。炉身为长方形，造型各异，或有盖或无盖。

4．印香炉

又称篆香炉，是专门制作篆香用的，上下分为两层，上层可以放香灰，制作出印香后，直接燃香；下层收纳各种香具。炉口较大，炉体较浅，有盖。其他口径较大，深度较浅的普通香炉也可用于制作印香。

5．熏球

也叫香球、被中香炉、香囊。内外分三层，可以悬挂、拎提，甚至放在被子里。由于设计精巧，无论熏球如何翻滚，香料都不会撒出来。

6．闻香炉

多为筒式炉，一般用于隔火熏香时的品香，无盖。

随着科技的发展，现代人发明了用电代替火的香炉，这样可以提高效率，增加便捷性，但从熏香养生的角度讲，电火是阴火，炭火是阳火，因此，最后的效果还是有所不同的。

7. 居室电香炉

有盖子，插电生热，可以调温和定时，直接熏香粉、香饼、香丸等，见香不见烟，使用方便，适合在空间不大的室内使用。

8. 车载电香炉

适合在各种汽车上使用，温度不高，安全易操作，见香不见烟。可以熏香粉、压制的香片等。在汽车这样的狭小空间里，不适合使用有烟或者味道太过浓郁的香品。

9. 便携式电香炉

可随身携带，有充电式、干电池式两种，操作简单，适合外出或在不正式的品香活动中使用。因蓄电量有限，不适合长时间使用。

古人用香讲究什么香配什么器具，现代人可以简化，不用追求昂贵的、繁复的器具，顺手、方便就好。

例如，隔火熏香是古代文人追求的最高享受，但是，那讲究的器具、繁复的过程、精细的操作，一般人看看还行，真让他每天做一次,他就会摇头,退避三舍。我们选择电熏炉,一样可以享受只见香不见烟的感觉。

香盒

也叫"香盛",是专门盛放香粉、香丸、香饼等小型香品的盒子,由木、漆器、陶瓷等材料制成。

《陈氏香谱》有云:"盛即盒也,其所用之物与炉等,以不生涩枯燥者皆可,仍不用生铜,铜易腥渍。"

香瓶

也叫"香壶",是插放香箸、香匙的瓶子。

《陈氏香谱》有云:"或范金,或埏为之,用盛匕箸。"制作香壶的材质有金属或陶瓷。

其他香器

1. 香筒

也叫"香笼",一般用竹、木、玉等镂空雕刻而成,用于插线香。

2. 香盘

大口并且较深的大盘子，用于盛放热水，中间再放入香炉。焚香时香气与水汽融合，使得香气更加温润。如果外面放一个竹制或木制的架子，再盖上衣服，就可以用来熏衣服了。有了水汽的滋润，香气更易附着在衣服上。

《陈氏香谱》有云："用深中者，以沸汤泻中，令其气蓊郁，然后置炉其上，使香易着物。"

3. 香篆

做篆香用的模具，也叫"香印""香范""香拓"。材料有木质、塑料、铜质、合金和一些新型防火材料等。形状有"福""禄""寿""喜"，或者莲花、八卦、祥云，复杂的有很多文字组成。小的篆香可以燃烧十几分钟，大的可以燃烧四十分钟，甚至两三个小时，更长的连续四天不断。篆香有计时的功效。

古人对于计时的篆香，制作上有很多特别的讲究，十分精致，以追求计时的准确。《香乘》中这样描述百刻香印："百刻香印以坚木为之，山梨为上，楠樟次之，其厚一寸二分，外径一尺一寸，中心径一寸无余。用丈处分十二界，迁曲其文，横路二十一重，路皆阔一分，半锐其上，深亦如之。每刻长二寸四分，凡一百刻，通长二百四十分。每时率二尺，计二百四十寸。凡八刻三分，刻之一。其近中狭处，六晖相属，亥子也，丑寅也，卯辰也，巳午也，未申也，酉戌也。阴尽以至阳也，戌之未则入亥。以上刘长晖外各相连。阳时六皆顺行，自小以入大，从微至着也，其向戌亥阳终，以入阴也，亥之未则至子，以上六狭处内各相连。阴时六皆逆行，从大以入小阴生减也，并无断，际犹环之无端也。每起火，各以其时，大抵起什正第三路近中是，或起日出视历日，日出卯，视卯正几刻，不定断际起火处也。"

4．香插（香立）

小型的香插可以放置线香，形状各异，共同点是有一孔可
以插线香。香插出现很晚，是在元末出现线香后才被发明的。

香具（火道具）

1．香勺

用于取香粉或其他小型香品的香具。

2．香铲

用于拨弄香粉，一般在制作篆香时使用。

3. 圆灰押

用于压平香灰，多在制作篆香等香事活动之前使用。

以上三种器具在中国古代香事中统称为"香匙"，也叫"香匕"或"香勺"。香匙的作用是压平香灰，取香粉以及分香。

《陈氏香谱》有云："平灰置火则必用圆者；分香抄末则必用锐者。"类似圆钱状的香匙是用来压灰的，类似舌状的是取香粉用的。发展到现代就直接分成了香勺、香铲和圆灰押。

4. 香箸

也叫"香筋"，用于夹取香炭、调和诸香。

《陈氏香谱》有云："和香取香，总易用筋。"

夹取香炭的称为"火筋"或"火箸"，这在日本香道中沿用至今。日式火道具中有"一木一金两双"，全木的就是"香箸"；下面是金属，上面是木头，或者全金属的就是"火箸"。目前国内市场上的香箸没有如此细致的分类。

5. 羽扫

也叫"香帚"，头部是羽毛，用于扫除沾到香炉边或其他香器上的香粉或香灰。目前市面上有两种羽扫，一种使用天然羽毛，一种使用像毛笔一样的毛（有些是化纤的，不建议使用）。

建议选择前者，因为它本身不容易沾灰。

6. 长灰押

用于压灰山，多用在隔火熏香时。

7. 银叶夹

夹起银叶、云母等隔火片时用的金属夹子，有银质、铜质等。

8. 莺

一种只在日本香道仪式中使用的工具，为别针，用来固定香包纸。之所以要介绍它，是因为很多国内的人不明其意，用来开火窗。特此纠正一下。

以上三种工具在中国古代香事活动中并没有，是从日本香道的火道具中引用过来的。

其他用品

1. 香罋

香品制作完成后必须经过窖藏的阶段。窖藏，古人也称为"窖香"。窖藏时香品必须放在一个干净的容器里密封，这个容器就叫"香罂"。

洪刍的《香谱》中记载："凡和合香须入窨，贵其燥湿得宜也。每合香和讫，约多少，用不津器贮之，封之以蜡纸，于净室屋中入地三五寸，窨之月余，取出，逐旋开取然之，则其香尤香尼也。"这里的"不津器"就是香罂。

2. 香案

进行各种香事活动的桌子。一般不会太高，人坐在椅子上，与膝平齐即可；也有略高一些的，但不会超过胸以上。

3. 香几

摆放各种香器具的案几，一般放在香案旁边，上下分三层为好，拿取便利。也有一种香几类似花架，单独放置香炉。香几可以随使用方便，在适合的场所摆放。

4. 打火机

现代人用于点燃各种香品的工具。普通打火机可以点燃线香、签香、盘香、锥香；弯头打火机可以点燃篆香；喷气式打火机用于点燃香炭。

5．香席

铺在香案上面，用以放各种香具，以防操作时香灰撒在香案上，不容易清理。以纯棉、麻、织锦缎、竹等质地为主。

6．点炭架

用于放置香炭，以便打火机点燃。点炭架最好是金属的，以防温度过高而损坏。

7．银叶片

用于分割香品与炭火的薄片，用纯银或陶制作。也有用云母制作的，称为"云母片"。

8．银叶架

香事活动中用于摆放未使用的银叶片，一般一个银叶架上可放多个银叶片。

9．香巾

用于擦拭沾在一切器具上的香灰、香粉。

香灰是否有用处

　　这里所说的香灰有两种。一种是燃香后留下的香灰，这些香灰可以在制作篆香时打底用，或者将短线香、盘香放在压平的香灰上，使其燃烧而不灭。这种香灰很常见，只要是天然香的香灰都可以留下继续使用，甚至可以作为肥料倒在花盆里，是上好的钾肥。《本草纲目》中记载："香炉灰，主治：跌扑金刃，罨之，止血生肌。"而另一种是用于隔火熏香的特制香灰。

　　"焚香取味，不在烟。香烟若烈，则香味漫然，顷刻而灭。取味，味幽香馥，可久不散，隔火熏香，妙绝！"深谙用香之道的人都知道古法隔火熏香的妙处所在，这种稍显复杂的焚香方式，更能表现香品宽广的香韵。为了呈现一炉香的美妙，诸多行香人在香料的选择上慎之又慎，甚至不惜耗费重金求一味好香，对香器以及焚香环境的要求也极为严格，隔火熏香的手法更是精之又精。但是大多数人往往会忽略香灰与香炭的重要性。

展现一炉香的香韵，灰和炭切不可疏忽大意，需要排沙简金，择优而用。

这种特制香灰分为三种，一是草木灰，二是骨灰，三是矿灰。明代周嘉胄的《香乘》（卷二十，制香灰）中记载："细叶杉木枝烧灰，用火一二块养之经宿，罗过装炉。每秋间采松，须曝干，烧灰，用养香饼。未化石灰搥碎罗过，锅内炒令红，候冷，又研又罗，一再为之，作养炉灰，洁白可爱，日夜常以火一块养之，仍须用盖，若尘埃则黑矣。矿灰六分，炉灰四分和匀，大火养灰，焚炷香。蒲烧灰装炉如雪。纸石灰、杉木灰各等分，以米汤同和，煅过用。头青、朱红、黑煤、土黄各等分，杂于纸中，装炉，名锦灰。纸灰炒通红罗过，或稻梁烧灰皆可用。干松花烧灰装香炉最洁。茄灰亦可藏火，火久不息。蜀葵枯时烧灰妙。炉灰松则养火久，实则退，今惟用千张纸灰最妙，炉中昼夜火不绝灰，每月一易佳他无需也。"这里对香灰的多种制作方法，香灰所用的材料，所需何时节树木，各种灰的配比，都有简略的记述。

草木灰：草本植物和木本植物燃烧后的残余物。草木灰质轻且呈碱性，干时易随风而去，湿时易随水而走。其来源相对广泛，成本低廉。草木灰所含元素较多，味道杂糅，必须每天都养着，一天不养，杂味就特别的大，在潮湿阴冷的南方尤甚。若是长期不养就不能用，实在浪费。草木灰很难压实，不宜用作隔火熏香的香灰，而且含有不利于身体健康的有害物质。

骨灰：主要是动物骨头以及海贝壳制成的灰。现今市场上动物的骨灰很难买到，所流通的一般都是人的骨灰，想来是不大愉快的，很是硌硬。动物骨头以及海贝壳做的香灰很难处理好，且会影响炭的燃烧，工艺也十分繁杂，也绝非上好的选择。

矿灰：矿石经过加工后制成的灰。矿灰烧、锻、粉碎等十几个过程，用的什么地方的石头，在什么环境下烧，在什么环境下洗，工序都有严格的规定。矿灰是古代皇帝御用的灰，现今出土的古代墓穴里，香炉中的灰经过考证大多都是矿灰。高端的灰都是矿灰，这种灰成本极高，且市场需求较少，很难批量生产，所以价格居高不下。但是这种灰是理想的选择，其养火效果极佳，洁净无杂秽之气。灰需洁净，不能有杂秽气味，否则其产生的异味就会掩盖香品本身燃烧时的芳香。

正确的温度，是香品内在的香气与香韵充分释放的关键所

在，亦是整个隔火熏香过程中最为重要的因素。《遵生八笺》
中特别嘱咐："香味烈，则火大矣，又须起砂片，加灰再焚。"
好的行香师十分注重对温度的把控，炉温过低，香品的香韵很
难散发出来；炉温过高，则会影响香品的气韵。

有经验的行香师常说"千金难求一炉灰"，高妙的行香师
和一味好香，在好的氛围下再配合好的灰，才能真正展现香品
的香韵。好的灰都不压炭，具有一定的助燃性，让炭充分燃烧，
而且好的灰洁净无杂味，不会影响香品的味道。若是用普通的
草木灰，一般的炭放进去三五分钟完全燃烧后，灰的臭气就聚
到一起了。若是用好的灰，燃烧后再加进去炭，用香箸搅匀，
数十秒后其不良的味道就会散失。

一般来说，前期散失的是灰表面的杂味，里面才是灰本身
的气味。不好的灰，一扒开里面的味道就出来了；好的灰能让
不好的气味从里面向外散掉，这也是对它的基本要求。不好的
灰对人体的伤害很大，如果长期吸入含有二氧化硅的粉尘，就
会患矽肺病，也就是肺叶纤维化。如此高雅的爱好却埋下了致
命的祸根，也是一大遗憾。

想要展现一味香最本真的香韵，就得从最基本的灰和炭着
手。这是行香师需要重视的问题，也是所有香事文化爱好者、
从业者需要关注的问题。

借由香炭生发文人意境

香炭是空熏、隔火熏香时必须使用的火种，是一种特制的炭，密度高，可以燃烧很久，没有烟，没有杂味。可以使人们在品香时能够闻到香品所发出来的很纯的气息，而不会受到任何杂气的影响。

古代也将香炭称为"烧香饼子"，与香品里的"香饼"是有区别的。欧阳修在《归田录》中解释："香饼，石炭也，用以焚香，一饼之火，可以终日不灭。"

《陈氏香谱》中记录了如何制作炭："凡合香，用炭不拘黑白，重煅作火，罨于密器，冷定，一则去炭中生薪，一则去炭中杂秽之气。"

因此，好的炭需要长时间煅烧，以减少烟气、杂味等。

那么，炭是用什么材料制成的呢？洪刍的《香谱》中这样写道："软灰三斤，蜀葵叶或花一斤半（贵其粘）。同捣令匀细如末可丸，更入薄糊少许，每如弹子大，捏作饼子，窨干，贮瓷瓶内，逐旋烧用。如无葵，则以炭中半入红花滓同捣，用薄糊和之亦可。"

古人使用香炭也是极为讲究的。沈立的《香谱》中就有如此记载："凡烧香用饼子，须先烧令通赤置香炉内，俟有黄衣生，方徐徐以灰覆之，仍手试火气紧慢。"可见宋人已经将隔火熏香的细节讲得很详尽了，而且运用得炉火纯青。

"烧令通赤"就是要将炭上下左右全部点燃，包括里面，这样可以减少一氧化碳。从外表看到什么程度就行了呢？"俟有黄衣生"，意思是炭的外层从黑色变成淡淡的黄白色，这个时候就可以将炭埋入灰中。熏香之前，一定要用手放在炉口上，试试火温，当确定温度合适时，才可以把香丸放上去。

至于说什么样的温度才算合适，这就需要行香师多次练习才能掌握。温度高了，香丸发香时间短，还会糊掉；温度低了，香丸不能很好地将高温区的香气发出来。而且不同香料和合的香丸，所需的温度也不一样。因此，这里没有捷径，只能成百上千次地练习才行。

　　利用云母片或者银叶片可以将温度降低，让香气慢慢散发出来。所以，隔火熏香便成了唐宋以来很多文人追求的熏香最高境界。李商隐的《烧香曲》里有"兽焰微红隔云母"，这里的炭被做成兽的形状，用的是云母片来隔火。杨万里在《烧香七言》中写道："琢瓷作鼎碧于水，削银为叶轻似纸。不文不武火力匀，闭阁下帘风不起。"青瓷的炉子，用银叶隔火，恰到好处的火力，让香气在静闭的房间中飘散，这就是文人追求的意境。

　　还有一种东西叫"香煤"。《陈氏香谱》中记载："近来焚香取火，非灶下即蹈炉中者，以之供神佛、格祖先，其不洁多矣，故用煤以扶接火饼。"这里讲到，香煤并不是焚香所必需的，当用的是炉灶里的炭来供神佛、祭祖先时，就会认为是不洁的，这时就要用香煤。香煤是一种极易燃烧的粉末，是在制作香炭材料的基础上加入了焰硝、黄丹、定粉、海金沙等。

　　《陈氏香谱》描述"阎资钦香煤"时说："柏叶多采之，摘去枝梗净洗，日中曝干，锉碎，不用坟墓间者，入净罐内，以盐泥固济。炭火煨之存性，细研，每用一二钱，置香炉灰上，以纸灯点，候匀编。焚香时时添之，可以终日。"

　　宋人焚香，事无巨细，再复杂、再费时间也得弄得细致周到。他们把焚香看作生活中的头等大事，极其认真地对待，没有一点马虎。

　　但是到了明代，在态度上就差了许多。周嘉胄在《香乘》中说："香饼、香煤，好事者为之，其实用只须栎炭一块。"

　　到了现代，已经没有太多人知道什么是隔火熏香了，能在生活中燃一支天然的线香就已经很不错了。从这点看来，我们真的没有宋人活得精致、讲究。这算是一种倒退吗？

带
着
香
香
走
天
下

　　现代人由于巨大的工作压力，一到节假日就喜欢外出旅行。旅途中避免不了出现各种不适以及发生意外，所以大家都知道要带药品，但是很多人没有带上香，也不知道香在旅途中的作用是什么。

　　当你拖着疲惫的身体回到酒店时，一推门就闻到难闻的潮味，你一定很不爽；再看着有些地毯因为潮而清理不干净所留下的各种印记，这下心情就更不好了！此时，如果你在包包的一角看到了自己带的小小线香，那可真是喜出望外呀！天然芳香植物燃烧后有非常好的杀菌作用，那些因潮湿而繁殖的菌类，会在香出现后失去繁殖力。一小支线香就可以帮你摆脱这恼人的困境，一缕熟悉的气味，让你感觉仿佛睡在自己的卧室里，安心、踏实、宁静。

香的尺寸有很多种。最短的七寸香配上一支小香筒，或者便携式的香盒，既可以储存，又可以燃烧，一举两得。现在市面上诸如此类的香器非常多，可以根据个人的喜好随意选择。只是有一点要注意，如果香器是木质的、竹制的，要注意南北方气温、湿度的差异，否则这些材质的器具会开裂变形。

从纹饰和器型上来讲，最好不要用有宗教寓意的香器。因为很多纹饰的内容一般人不甚了解，用错了反而不好。尤其是人在旅途，有时不会将各种物品摆放周全，所以应优先选择简洁、实用、便携性好的香器。

居家怎么选放香炉

古人生活的精致程度，我们已经在前文领略了。但是很多人会问，我们已经回不去那个年代了，应该如何在现代各种压力下，怀揣着一丝丝豁达，忙里偷闲地体味古人的精致？这里面可以讨论的话题很多，我们就从居家香炉的摆放和使用开始说吧。

现代人的家一般分为中式装修、欧式装修、简约现代装修等。如果是中式装修的居室，香炉可以选择铜质或瓷质的，造型可以是古香古色的，依照博山炉、宣德炉的样式来选。只要选择对了，一定能提升整个居室的古朴之感。

　　客厅是全家人以及接待客人的活动场所，现在的房间设计一般都是客厅大、卧室小，所以，客厅还是需要有一定扩香力的香品。如果有时间我们就用篆香，没时间可以用盘香、线香。炉子的尺寸可以选择五寸至九寸的，冲耳炉、鬲式炉均可。还可以专门选择一个篆香炉，交替使用。

　　客厅也是全家人除了睡觉以外，停留最多的地方，或谈天、或待客、或独处，此时最易用香，制造家的味道。香气静静地飘散开来，无声无息地浸润着每位家人的嗅觉，一丝丝暖暖的气息，包裹在每个人的四周。如果独处，一定有些许寂寥，那缕缕的烟雾，薄如轻纱，包裹住你的脸颊，不管你愿不愿意，钻进你的衣襟，掉落在你最柔软的地方，轻抚着你，就像儿时母亲的怀抱。

　　香炉不用离人太近，最好超过两米。你会避开香气刚出炉时的奔腾顽皮，不一会儿，它觉得你不理它了，又会死皮赖脸地缠着你。无论你走到哪里，它都紧紧跟随。

　　当你困了要睡觉时，它就真的缠上你了，要上你的床。那好吧！又也许你的床，乃至你的整个卧室都曾被它占领。在你的卧室里，一定要有个小香几来放香炉，最好是隔火熏香，见香不见烟；或是细细的一缕，不令人讨厌。我喜欢一种香炉——青瓷小鸭熏，静静地在角落里缓缓吐烟；抑或是在鱼耳炉里，

香 器 具 与 辅 助 用 品 的 选 择

一粒香丸静静地架在银叶片上，自顾自地吐露芳香，还会时不时地偷偷看看你是不是睡着了。

当阳光透过窗帘照到你的床上，你虽然伸着懒腰，但是仍旧不想起床。两手拉起被角，掩住半张脸，眯着双眼，漫无目的地扫视着前方。昨晚不经意散落在被子上的香气突然钻进了你的鼻孔，有点甜，瞬间，幸福感油然而生，新的一天开始了！

工作一天压力很大，回到家里，总喜欢在书房里看看书，一个人静静。篆香的制作过程就是静心的过程。一只纯铜的香炉，沉稳大气，鬲式炉、桥耳炉、竹节炉、蚰龙耳炉都是不错的选择。现代人有时比较懒，那就让电香炉来治疗这个"懒癌"吧。

白天，一家人各忙各的，很少有时间聚在一起，晚餐则刚好是一家人享受温馨、其乐融融的时候。妈妈会在做饭之前焚一炉香，放在餐厅或者玄关，这样每个回家的人一推门就会闻到那种熟悉的气味，家的味道。顿时，胃口大开，就等着妈妈的呼唤："饭好了！"香醒脾、养脾、开胃，吃饭的时候怎么能离开香呢？因为饭菜的香气也很浓郁，所以这时用的香稍微浓厚些也无妨，但是烟气别太大。选用小鼎炉、瑞兽炉都是可以的。

如果你的居室是简约风，那还是选择线条简单的香插最好，配合线香，就十分惬意完美了。

线香、签香、盘香、锥香

末　香

香丸、香饼、香材

第五章

熏香的方法
不难学

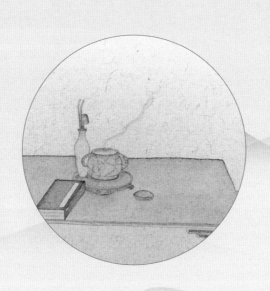

对于大部分香事文化的爱好者以及初学者来说，感觉熏香的方法很多，很难学。有时候，看到一些人穿成仙人般，动作夸张地表演一通，也看不出个所以然。很多人觉得熏香很神秘，想学习，但又不敢涉足，怕自己学不会，怕自己是凡人，没那股仙气儿。其实，大家大可不必这般害怕与慌张，看到动作夸张的表演就绕着走，还是静下心来，好好做一炉香吧。

初学者应该怎么入门呢？大家知道，人的嗅觉是有记忆的，如果想记住每种香的味道，那就要每天使用，并且定期更换不同种

线香、签香、盘香、锥香

类的香，时间久了，才能游刃有余地说出各种香的感觉和味道。要想练就这种本事，开始时一定不要有太多的技术性方法来干扰，随手拈来，想用就用，又不会破费太多的"银子"，这才是最好的选择。想来，符合这种要求的非线香和盘香莫属了。

线香

线香也叫卧香，是最常见的香品。很多人在寺庙、超市或旅游景区都见过，因此并不陌生。线香就像西餐中的麦当劳和肯德基，属于快餐式香品。使用起来非常方便，可以用香炉、香插（香立）、香皿，甚至一张纸、一个夹子、一个曲别针都可以作为辅助工具，让线香很好地燃烧。如果是一个有意境的香炉，则会使线香的熏燃更加有魅力。

线香使用的场所很广泛，无论是居室还是佛堂，无论是室内还是室外，都很适合。它长短随意，携带便利，很适合现代人出差、旅游时使用。

线香是纯天然的香料按照一定的香方和合后，再加上天然植物黏合剂制作成的。现在常用的黏合剂有榆树皮、楠木粉等。随着工业化的进步，市场上的商品线香都是用机器制作的，外表细腻、光滑，切口整齐。而上好的线香都是纯手工制成的，外表粗糙不匀、切口不齐，相对来说颜值不是那么高，产量也小。

线香、签香和盘香具备一些共同的性质——已成型，携带方便，操作简单，味道标准，价格低廉。但形状不同，使用的时间也不相同。线香的使用时间一般从十几分钟到几十分钟不等。传统线香的长度为七厘米、十四厘米、二十一厘米、二十八厘米。

为什么是这样的数字呢？因为在传统制香中，很多说法都来自五行八卦。在先天八卦里，第七卦是艮卦，有"止"的意思，所以，传统线香的长度都以七或者七的倍数而设置。七厘米的线香适合外出携带，放在随身的包里；十四厘米、二十一厘米的线香适合在居室、客厅、书房等场所使用；二十八厘米的线香基本用于礼佛。一般来说，线香以便于携带、使用方便为好。

熏 香 的 方 法 不 难 学

明代大画家王绂在《谢庆寿寺长老惠线香》中写道："插向薰炉玉箸圆，当轩悬处瘦藤牵。才焚顿觉尘氛远，初制应知品料全。馀地每延孤馆月，微风时颭一丝烟。感师分惠非无意，鼻观令人悟入玄。"

很明显，明代的线香并没有我们现在使用的这么细，而是比较粗的。因为用了上好的扩香剂，才会"才焚顿觉尘氛远"。由"初制应知品料全"可知，和香在当时是占有主导地位的。

线香的使用方法有很多：

1. 香插法

（1）将线香、打火机、香插准备好。

（2）一手持香，一手持打火机，点燃。

（3）上下或左右快速挥动线香，让火苗熄灭（不能用嘴吹灭）。

（4）放好打火机，把香轻轻插入香插相应大小的孔内。如果香插很小，不足以接住香灰，最好在下面垫一个香碟，或者类似的器具，以免弄脏桌面。香灰收集起来也有用处。

签香、盘香可以使用葫芦形的香插，点燃方法同线香。

2. 香炉法

（1）将线香、打火机、无盖香炉准备好。

（2）一手持香，一手持打火机，点燃。

（3）上下或左右快速挥动线香，让火苗熄灭（不能用嘴吹灭）。

（4）放好打火机，把香轻轻插入香炉的香灰里。也可以把一个小的香插放在香炉里，再插入线香。

签香、盘香、锥香的放置方法同线香。

3. 卧香炉法（一）

（1）将线香、打火机、卧香炉、一张稍微厚点的纸准备好。

（2）将纸裁成比卧香炉稍微窄点的纸条，叠成风琴状，平放在卧香炉里。

（3）一手持香，一手持打火机，点燃。

（4）上下或左右快速挥动线香，让火苗熄灭（不能用嘴吹灭）。

（5）放好打火机，把香轻轻横放在纸条上。

因为香与纸的接触面很小，所以不会点燃纸条，也不会影响到香气，燃烧后只会在纸上留下一条痕迹。

4. 卧香炉法（二）

（1）将线香、打火机、卧香炉、香灰准备好。

（2）将香灰平铺在卧香炉里，压平后备用。

（3）一手持香，一手持打火机，点燃。

（4）上下或左右快速挥动线香，让火苗熄灭（不能用嘴吹灭）。

（5）放好打火机，把香轻轻横放在香灰上。

签香、盘香、锥香放置方法同线香。

签香

签香一般为礼佛祭祀之用，因为点燃时烟气比较大，所以不适合在较为封闭的居室里使用。它是用竹签外面裹上香粉和黏合剂制成的，呈一条直线。

古人制作签香遵循"外圆内方"的原则，即里面的竹签一定是方形的，外面的香粉一定是裹成圆形的。竹签一定要长出香粉包裹处，以便于插入香灰。

盘香

盘香是将线香的长度加长，盘成一圈套一圈的螺旋形。这样的结构可以燃点很长时间，大的盘香可以点四个小时，小的盘香也能点两个小时，适合修行、打坐等长时间不行动的人使用，也适合制作成熏蚊香。盘香由于长度问题，需要添加更多的黏合剂来保持其强度，避免在运输过程中折断，所以一般不在品香的范畴。

随着现代科技的进步，近几年出现了一种不使用黏合剂的小盘香，用高压成型的工艺制作而成，并逐渐得到了市场的认可。

锥香

锥香也叫"塔香"，形如圆锥体，现在经常在印度香和藏香里使用。锥香适合需要在短时间内香气骤然浓烈起来时使用，因为它越向下燃烧，烟气越大，所以不建议在小居室里使用。

近年来市场上出现了一种叫作"倒流香"的香品，外形如锥香，只是下面多了一个孔。燃烧以后烟气不是向上走，而是通过那个孔向下流。再加上一个造型类似仙山的底座，烟雾顺着山势流下来，远远望去，仿佛一条瀑布。烟流到下面后四散开来，不一会儿，满屋子烟雾缭绕。

这种香在视觉效果上很吸引人，因此受到了市场的追捧。然而很多人并不知道，这种香为了追求烟气浓郁的效果，使用了很多劣质香料，所产生的焦油是一般香品的数倍，扩散在空气里最终还是被人吸入体内。所以从健康的角度来说，不建议使用这种香品。用香是为了健康，而不是为了好看。

目前，市场上的线香以单品香居多，比如檀香、沉香，也

有一些功能性的和香。大家可以多选购几种香品，交叉使用，以便记住每种香的味道。

第一个月，你可以选择三种香品，一种会安系沉香，一种老山檀香，一种适合自己的和香。和香最好是以沉香或檀香为主香。在一天当中的不同时间用不同的香。比如，上午用檀香，让自己有良好的状态去工作；下午用适合自己的和香；晚上用沉香，使自己有个很好的睡眠。记住，一定要好好体会和香中沉香、檀香起到的作用和感觉。

从第二个月起，加两种，一种星洲系沉香，一种自己喜欢的和香。在一天当中任选三种使用，用一个月的时间记住这五种香。

第三个月到第六个月，再加两种，每天随意选三种使用。一年下来，你会记住一二十种香的味道。随着积累的增加，你可以选择自己喜欢的三种香作为常用香，其他的可以适时选择使用，或者送人。

开始的时候是从不同的单品香与和香中感知气味，熟练以后，再学习辨别同一种香不同产区的气味差别。要想学好香事文化，一定得从训练鼻子开始。有了一两年的嗅觉强化锻炼和记忆，才能为升级学习做好准备。

熏 香 的 方 法 不 难 学

末
香

末香也叫香粉，出现的时间最早，先秦
时期甚至更早，我们的祖先就开始使用末香
了。但是早期的末香没有那么细，都是一些
粗粗的颗粒，古人直接把这些混合起来的香
料颗粒放在香炉里燃烧。因为烟气比较大，
所以大部分使用的是有盖的熏炉。

直到汉代以后，香品的细致程度才逐渐
加深。末香中没有黏合剂，味道更直接、更
醇厚，使用起来可简、可繁，深得文人雅士
的喜爱。

1. 直接熏点法

这种方法既简单又直接，很是随性。

（1）将香粉、宽口香炉、香灰、灰押、香勺、打火机准备好。

（2）将香灰倒入香炉中。

（3）用灰押将香灰压平。

（4）用香勺将香灰中间略微压下去一个半圆，不用很深，将香粉放在里面。

（5）用打火机点燃香粉后，用手轻轻煽灭火苗，使其出烟。

注：品香时将香炉放置于一尺开外即可。

2. 篆香法

（1）将香粉、宽口香炉、香篆、香灰、圆灰押、香勺、香铲、羽扫、弯头打火机准备好。

（2）将香灰倒入香炉中。

（3）用圆灰押将香灰压平。

（4）把香篆平放在香灰上并轻压一下，以稍作固定。

（5）用香勺把香粉放在香篆上，注意一次不要量太多。

（6）用香铲把香粉填到香篆的镂空处，注意动作要轻，不要把香粉弄到香篆外面，也不要让香篆移动。

（7）香粉全部填满后，一手扶炉，一手稳稳地把香篆垂直拉起，不要让香粉有任何散乱，应整齐成型。

（8）取羽扫，将多余的香粉扫入香盒中，并将香篆下面的香灰扫干净，放在一旁。

（9）取打火机，点燃篆香的一头，用手轻轻煽灭火苗。

注：点燃后不要马上凑近去闻，要等待十几秒后再闻。品香时，香炉要离人至少一尺。离得太近，对香是一种不尊重，闻到的也多是烟气，影响对香气的品鉴。

唐代中后期，人们借助很多辅助工具将香粉制作成篆香。篆香可以用于计时，也可以用来修身养性，更能从中体味中国香事文化的妙处与精髓。

明代朱之蕃在《香篆》中写道："水沈初试博山时，吐雾蒸云复散丝。忽漫书空疑锦织，相看扫素傍灯帷。萦纡细缕虫鱼错，断续残烟柳薤垂。几向螭头闻阊阖殿，罗襕携出凤凰池。"

篆香也叫印香或者拓香，是将香粉填到预先准备好的模具里，形成一个不间断的文字或图案造型（常见的有莲花、八卦、福字、寿字等），脱模后点燃，以示人们美好的祝愿和心愿。

制作篆香的模具称为香篆。香篆的大小、纹样很多，小的很容易操作，适合初学者；笔画多的、细的，适合有经验的人使用。我们可以根据用途、时间、难易程度来选择不同的香篆与香粉。

香篆的制作材料有很多。古代多用木头、银，现代多用亚克力、铜、合金等。相比起来，纯铜的较好，模具雕刻时上窄下宽的较好。

3. 曲水铺香法

这种方法比较有趣，也叫作"开香沟"，可以根据自己的喜好随意做出图文造型。这种方法对于技术的要求比较高，开始很容易失败，但是只要潜心练习，一定能做得很完美。

（1）将香粉、宽口浅香炉、香灰、灰押、香勺、香铲、弯头打火机准备好。

（2）将香灰倒入香炉中并用灰押压平，注意不能压得太死，以免开沟时出现裂纹。

（3）按照自己的想法用香铲在香灰上开沟，可以直、可以弯，也可以是文字、图形等。如果是初学者，从一条直线开始即可。

（4）用香勺将香粉填入开好的凹槽中，注意连续，各处香粉量也要保持一致。

（5）点燃。

4．闷香法

这种方法比较难掌握，因为火和香都被埋在灰里，做不好就容易灭。要用心多练，才能掌握其中的技巧。

（1）将香粉、宽口且有点深度的香炉、没有异味的香灰、香箸、香勺、长灰押、弯头打火机准备好。

（2）将香灰倒入炉中。

（3）用香箸搅匀，使香灰中充满空气。

（4）用香箸在香灰中间挖个小洞，不要挖到底，使底部仍然有香灰。

（5）用香勺取两小勺香粉倒入小洞里，用打火机点燃，使其出香、出烟。

（6）再取一点香粉撒在点燃的香粉上，使其不灭，但无烟出。等香粉燃到上面出烟后，再取一点香粉撒在上面。反复几次，一直到香粉的高度接近香灰面。

（7）把香灰盖在最上面，用长灰押压成45度的灰山，开火窗后，一缕悠悠的青烟扭动着身姿出现在眼前，淡淡的，香气随之飘来。

注：如果香灰选择不好，很容易出香不爽，有闷的气息。

5．电香炉法

这种方法适合生活节奏紧张的现代人，也适合喝茶、待客时使用。电香炉法见香不见烟，放在旁边幽幽地散发着香气，却不会过多影响茶趣和谈话。

（1）将香粉、居室用电香炉准备好。

（2）接通电香炉的电源后，根据不同的香料选取不同的温度。一般香料越好，设定的温度越低。

（3）把金属圆盘放在电香炉内，取适量香粉（盖住金属圆盘即可）放入盘内。

（4）几分钟后，香气即可飘出，不一会儿就会满屋飘香。

6．车载电香炉法

这种方法适合有车一族，尤其是商务人士，在开车的时候能够偷得一时闲，凝神静气，也有助于养生。沉香粉比较适合在车里使用，因为沉香能降气通经、治呃逆，对缓解晕车也有非常好的效果。

（1）将香粉、车载电香炉准备好。

（2）将车载电香炉的电源插入点烟器，打开开关。

（3）取适量香粉放入盘内，香粉量一般为盘子的三分之一到二分之一。

（4）几分钟后，香气即可飘出，不一会儿整个车里都会很香。

现在市面上也出现了用香粉、无粘粉压成的熏香片，不容易撒，很好用。

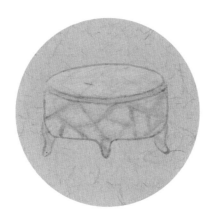

香
丸
、
香
饼
、
香
材

香丸

　　香丸是在事先调制好的香粉中加入炼蜜而制成的丸状的香。香丸一般为深褐色，如果加了炭粉，会是黑色。一粒香丸一般为一粒鸡头米大小，可以持续发香两三个小时。香丸因为加入了炼蜜，所以会在原来的香味基础上增加甜味以及很润的感觉。如果用电香炉或隔火熏香的方法熏，还会呈现极其悠远绵长的感觉，而且没有烟气与焦味，是一种最健康的用香方式，深受人们的喜爱。

熏 香 的 方 法 不 难 学

香饼

香饼是在事先调制好的香粉中加入白芨汁，放入模具中成形，然后脱模晾干。使用的时候将一部分或整个香饼放在香炉上，使用量视空间大小决定。

还有的把隔火熏香的香炭称为香饼或者香煤。

香材

香材是指天然香料的原态，一般呈块状、薄片或者小碎片。由于单独品闻时需要香材的香气宜人，所以能够单独使用的香材只有沉香、檀香。其他香材一般使用在和香中，相互作用，才能和合出非常完美的气味。

当你对所有的香料有了初步认识，又过了难以掌握的技术关后，你会越发对静心品味感兴趣。这时，我会领你走进一间静室，徜徉在香气的海洋里，无法自拔。要说香是一种"毒品"也不为过，它会让人上瘾，离不开，那是因为香事是快乐之事。

1. 隔火熏香法

（1）将香材（或香丸）、闻香炉、银叶（或云母片）、专用香炭、专用香灰、香勺、香箸、长灰押、银叶夹（云母夹）、羽扫、点炭架、香巾、专用打火机准备好。

（2）夹炭：用香箸夹一块香炭放在点炭架上。

（3）烧炭：用打火机全方位点燃香炭，香炭点燃之后放置到一旁，直到没有炭的杂味。

（4）理灰：将香灰倒入香炉，用香箸顺时针搅匀、理松香灰，使香灰中充满空气，这样有助于香炭充分燃烧。

（5）开炭孔：用香箸在理好的香灰中间以画圆圈的方式顺时针开一个炭孔，大小以刚好能放进一粒香炭为宜，下面不要开到底，要留些灰，用作隔热，不至于烫手。

（6）置炭：将燃烧好的无异味的香炭放入开好的炭孔中。

（7）埋炭：将香灰轻轻往中间梳理，盖住香炭，这是最需要技巧的时候。不同香材所需要的火力不同，火力的大小通过香炭位置的高低与香灰覆盖的多少来控制。行香师凭借丰富的经验可以很好地把控,初学者需要多次练习才可以准确把握。

（8）押灰：右手执长灰押，左手执炉，逆时针转动。边压边转动，将灰山压成45度的锥形。

（9）清扫：取羽扫将香炉内壁清理干净，再用长灰押轻压一次香灰。

熏 香 的 方 法 不 难 学

（10）打香筋：在压好的香灰上打上香筋，即在灰山上打上美丽的纹路，一是为了美观，二是为了控制炭的燃烧速度。

（11）开火窗：取一根香箸垂直插入灰山，直到香炭的位置。取走香箸后将右手掌心置于香炉上探测火候，确定温度合适后，即可继续操作，否则要重新做灰山。

（12）架银叶片：用银叶夹夹起银叶片放在火窗上，并在中间位置稍压银叶片，使之固定。

（13）置香：用香勺取适量香材，放在银叶片上。

（14）执炉：左手拇指扣住香炉的上沿，其余四指托住底座，将香炉放在前手掌；右手呈凤眼状，取炉盖轻轻盖住炉口。

（15）闻香：肩膀放松，双臂自然微微抬起，双手执炉于胸前，贴近膻中穴。深吸气，慢慢吸到不能吸为止。

此时请注意，香炉一定要贴近身体，不要离身体太远。香炉的高低位置，应根据每个人的嗅觉灵敏度微调，可以低一些，也可以高一些，总之，以能够清晰地闻到味道为主。但一定要注意，不能把鼻子埋进虎口处，也就是离香灰太近。这样不仅对香不敬，也不能清晰地闻到香的准确气味，有时还会闻到香灰味。如果使用的是植物灰，还有可能吸进去一些游离的二氧

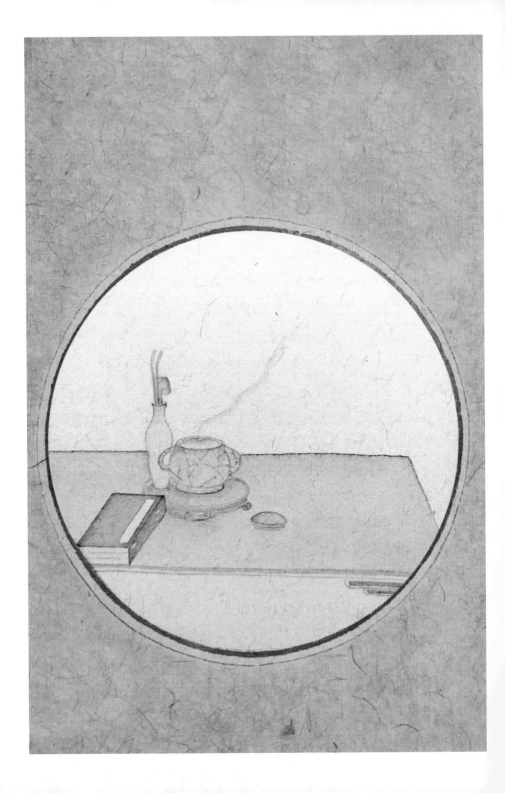

化硅，长此下去会影响身体健康。

（16）呼气：呼气时不宜正对着香炉，头应朝左下，也就是心脏的方向吐气，同时将香炉向前推出去一些，以免废气呼到香炉里。

闻香有三品，每个人品闻时，一次最多闻三下。闻香，也叫品香，古人也称听香。这三个词看似意思相同，但是境界却大大不同，越往后，境界越高。不只是用鼻子去识别香气，还要凝神、静气、专注、用心，深深地吸进去，引导香气到丹田，稍作停顿，再徐徐呼出。这种专注，不仅仅是吸一口有香味的空气那么简单，它会给人带来不同凡响的滋养、休息，有时竟能使人突发灵感，这便是静心的功效。

这种品香的姿势来自日本香道。因为现在沉香资源很稀少，所以每次品香的用量很少，离得太远就不能辨别得特别清楚。如果品闻的是和香，如香丸、香饼，则不用离得这么近，只要把香丸或者香饼放在银叶片上，人离开香炉一米以外最好。不一会儿，满屋子就会香气四溢。

2. 空熏法

此法类似隔火熏香法，只是去除了云母片而已，操作更简单。

（1）将香材（或香丸）、闻香炉（或品香炉）、专用香炭、专用香灰、香勺、香箸、点炭架、专用打火机准备好。

（2）夹炭：用香箸夹一块香炭放在点炭架上。

（3）烧炭：用打火机点燃香炭。

（4）理灰：将香灰倒入香炉，用香箸顺时针搅匀、理松香灰，使香灰中充满空气，这样有助于香炭的燃烧。

（5）将香炭插入香灰，火力的大小由香炭插入香灰的深浅决定。

（6）用香勺取香材，放到距离香炭很近的香灰上，即可出香。

现在日本生产了一种模仿空熏法的香炉，不用香灰，只需把点燃的香炭插在一个金属架上，再将所要熏的香材放在金属架上即可，操作简便。不过，用香高手还是喜欢传统的做法。太简单了，也就失去了乐趣。

3. 电香炉法

这种方法和末香的用法一样，没有什么复杂的过程，只是使用便捷而已，适合不喜欢烦琐的人士。而且，直接熏香材，香气会很足，适合卧室、客厅、书房、私人办公室、按摩室、美容室等不需要烟的环境。

其中便携式的电香炉可以在不太正式的品香活动中，代替常规的隔火熏香。因其可以自由调节温度，使用起来极其方便，所以适合初学者。

对于电香炉的使用，我的建议是适可而止。很多人认为电和炭是一样的，能加热就好，但是从物质的属性来讲，炭火是阳火，电火是阴火，阴阳不同，性质不同。如果只是为了方便闻气味，使用电香炉没有问题；如果想用香养生，最好使用炭火。

有些人认为隔火熏香太麻烦，害怕做不好，就放弃了，一直使用电香炉。其实，如果不是为了让别人看，做得好不好都不要紧，只要能够很好地出香就可以了。熟能生巧，只有经常练习，才能做得很完美。

还有一点需要提醒的是，香炭的火力比较集中，直冲向上，能够十分完美地表现香品的气味；随着火力减弱，香品的气味也不如开始那么强烈。这是香炭与香品的完美搭配。而电香炉是恒温的（除非人为去调整），并且火力均匀、不集中，因此不能特别完美地呈现香品的气味。这些微妙的差别，初学者一般感受不深，需要长期坚持学习，才能够感知。

香能参与的那些事

香之养生、养性、养德

做个拥有优雅灵魂的现代人

第六章

香事

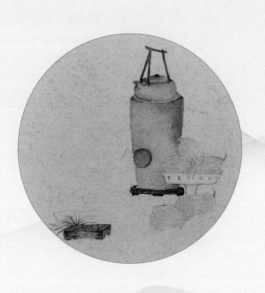

香
事
渊
略

　　香事，是一种生活方式，古人在日常生活中时时处处都离不开香。有多少人为了研究香而夜不成寐，有多少人因为爱香而把香用到了极致，有多少文人雅士为香吟诗作赋，又有多少人不惜倾注众多家产只为换得一款好香。

　　但是，任何事都要有个度，再好的东西毫无节制地使用也会出问题。因此，在学习古人用香的同时，还要根据自己的实际情况来选择和判断，选出几款最适合自己的香，依据季节、气温、早晚等诸多因素合理使用，才是正理。

香　事

香能参与的那些事

　　香在古人的生活中时时处处都会出现，形式各不相同，作用也各不相同，从生活到官场，从日常使用到国家大典，都是不能缺少的。

　　《说文解字》中，香就是芳的意思，从黍，从甘，本意是粮食所发出来的可以让人愉悦的味道。不仅是香字本身，很多含"香"的字也都有香的含义。例如，馨，是美好的香气；馥，是气味芬芳；馫、馣、馡、馶、馩、馺、馤，是香气；蓍，是菜肉相杂而制成的羹；麿，同香；楿，是桂树种；柲、馜、馠、馞、馧，都是气味浓烈的意思。

翻阅古籍，也会看到很多古人用香的故事。

含香

《汉官》中记载，汉恒帝时，侍中刁存因年事已高，患有口臭，上朝时离皇帝太近，被皇帝闻到。但皇帝并没有怪罪他，还赐给他鸡舌香含在口中。那时此种进口的香料还很少见，刁存不知是何物，只觉得含在嘴里辛、麻、辣，以为自己说错了话，惹怒了皇帝，被服毒赐死。他非常惶恐，既不敢吐出来，又不敢咽下去，回到家里，便赶紧唤家人来吩咐后事。此时，刚好有位朋友在其家中，便问了缘由，看了看口含之物，哈哈大笑说："这哪里是什么毒物，分明是一款少见的香料，是用来香口的。"刁存这才踏实下来。

后来由此立下规矩，凡上朝面君，必要口含鸡舌香，以免不良的口气冲撞了皇帝。后世也有很多诗词文章中用到"含香"这个词，以指代在朝中任职。

唐代韦庄在《含香》中写道："含香高步已难陪，鹤到清霄势未回。"

唐代王涣在《上裴侍郎》中写道："青衿七十榜三年，建礼含香次第迁。"

啖香

《杜阳编》中记载，元载有一宠姬，名为薛瑶英。其母赵娟，从小就让女儿吃香花瓣，因此，薛瑶英的肌肤都有香味。

《离骚》中描述："朝饮木兰之坠露兮，夕餐秋菊之落英。"说的是屈原早晨要喝一小杯木兰花上的露水，晚上要吃菊花的花瓣。

用香料香口中国自古有之，比西方的口香糖健康环保多了！而且，用"含香"代表在朝中任职，也传达出中国古代士大夫阶层极其讲究的生活品质，待人接物非常注重礼节、仪表甚至是口气，从里到外都要淡淡的香气，才不失为人处世的基本礼貌，而不是香气袭人，例如香水就太过浓郁。这种用香料香口行为与近代西方的香水和口香糖的作用还是有着本质的区别的。香水与口香糖仅仅是遮盖气味，而不能调节体味，但天然香料常用是可以调整人体亚健康的，如果有不洁的体味、口气也都可以使其改变。

喜香

《古今谭概·癖嗜部》中记载："梅学士询，性喜焚香。

每晨起，必焚香两炉，以公服罩之，撮其袖以出，坐定撒开，
浓香郁然满室，时人谓之'梅香'。"

宋代的翰林大学士梅询，生性喜欢焚香，每天早上必定要
焚两炉香，并将朝袍盖在上面，待袖中香满，便捏合起袖子出
门上朝去，待到办公室坐定后，才松开两个袖子，让香气充满
整个房间，大家就将其使用的香称为"梅香"。而且，他用的
香经常变换，香气宜人，连皇帝都很喜欢，经常为了闻到他的
衣香特地召见他。

爱香

《襄阳记》中记载，刘季和生性爱香，有一次他到厕所去，
回来后就凑到香炉上，主簿张坦说："有人说你是个俗人，果
然不假。"刘季和答道："荀令君到了别人家做客，他坐过的
席子在他走后的三天内还香呢，与我相比怎么样呢？"张坦说：
"丑女效颦，看到的人一定要逃避，你也想让我逃走吗？"刘
季和大笑。

很多人对香有癖好，有的人过于痴迷，甚至迷恋特别浓郁
的香气。从养生的角度讲，太过浓烈的香气会耗费人的气，长
久的无端消耗使人气不足，气不足则会使血液失去动力，导

致很多神经末梢长期失去血液的滋养，人也会得病。

焚香祝天

《香乘》引《五代史》记载："后唐明宗每夕于宫中焚香祝天，曰：'某为众所共推戴愿早生圣人，为生民主。'"

《新五代史》中记述："后废帝入立，欲择宰相，问于左右，左右皆言：'文纪及姚顗有人望。'废帝乃悉书清望官姓名内琉璃瓶中，夜焚香祝天，以箸挟之，首得文纪，欣然相之，乃拜中书侍郎、同中书门下平章事。"

香通三界。古代皇帝会焚香替民众祈求上天的恩泽，保佑黎民百姓生活幸福，也会在拿不定主意的时候焚香祈愿，请上天帮忙决定。

沉香亭

《李白集》中记载："开元中，禁中初重木芍药，即今牡丹也。得四本：红、紫、浅红、通白者，上因移植于兴庆池，东沉香亭前。"

沉香亭是唐代长安兴庆宫的一组园林式建筑，供唐明皇和杨贵妃夏天纳凉避暑、赏花。传说是用名贵木材沉香木建成的，故称"沉香亭"。唐代的沉香亭早已毁坏，但其风貌展现在清代袁江的《沉香亭图》中。如今的沉香亭是 1958 年在兴庆宫遗址上重建的，郭沫若和赵朴初分别为该亭题写了匾额。

李白也曾留下《清平调》："名花倾国两相欢，长得君王带笑看。解释春风无限恨，沉香亭北倚阑干。"

辛弃疾在《贺新郎·赋琵琶》中描述了盛唐的景象，其中就有沉香亭的存在。这也是以古咏今的一种手法。

"凤尾龙香拨。自开元、《霓裳曲》罢，几番风月。最苦浔阳江头客，画舸亭亭待发。记出塞、黄云堆雪。马上离愁三万里，望昭阳、宫殿孤鸿没。弦解语，恨难说。辽阳驿使音尘绝，琐窗寒、轻拢慢捻，泪珠盈睫。推手含情还却手，一抹《梁州》哀彻。千古事、云飞烟灭。贺老定场无消息，想沉香亭北繁华歇。弹到此，为呜咽。"

香殿

《陈氏香谱》中记载："大明赋云：香殿聚于沉檀，岂待焚夫椒兰，水殿风来暗香满。"

所谓香殿，不是用香料建筑起来的，香料只是装饰和配角，

香 事

但这并不妨碍用香殿来起名。北京有座王府，正殿里的梁便是用檀香木做的，历经百年，现在凑近了还能闻到阵阵香气。

香阁

《陈书》中记载："后主起临春绮望仙，三阁以泥檀香末为。"

《开元天宝遗事》中记载："国忠又用沈香为阁，檀香为栏，以麝香、乳香筛土和为泥饰壁，每于春时，木芍药盛开之际，聚宾客于此阁上赏花焉，禁中沈香之亭远不侔此壮丽也。"

杨国忠的香阁比沉香亭还要奢华，不仅用了沉香，还用了檀香做围栏，麝香、乳香与土和泥来装饰香阁的墙壁。用过香的人都知道，沉香在不加热的情况下香气并不明显，但檀香、麝香、乳香不一样，常温下就有很香的气味。因此，在这个香阁里赏花，闻到的不只是花香，还有各种名贵香料的气味，即使在户外，也是清晰可辨的。

香床

《太平广记》中记载："隋炀帝令造观文殿。前两厢为书堂，各十二间。堂前通为阁道。承殿，每一间十二宝厨。前设方五香重床，亦装以金玉。"

　　就像椒房殿一样，古人使用天然香品，或单独或混合地涂到建筑上，使整体空间处在一个芳香的氛围中，即便不燃香，也是无处不香。香气属阳，可以净化空间。但是天然香料的价格昂贵，一直以来，都是王公贵胄在宫殿、花园、居室使用的奢侈品。相比较而言，还是古人会享受，现代再有钱的人也只能用化学涂料刷刷墙，用石头、砖头铺地、砌墙，最多用木头做装饰，不过这也是中国香事文化断代近百年的结果。

香疾

《明史·葛乾孙传》中记述，葛乾孙，元代著名医家，长洲人（今苏州）。他曾经为一个富家女治病。此女的病症是四肢痿痹，目瞪不能食，生命垂危。很多医生来看过都不能治愈。此时请来了葛乾孙，他到小姐的闺房一看，只见房中香气四溢，香包也是四处悬挂，就判断此病为香所困，故命人撤掉房间里的所有香物，并在地上挖了个坎（浅坑，足以躺下一个人），把这女子放入其中，告诉家人，如果她的手脚可以动了就来告诉他。过了很长时间，果然，这女子手脚可以动了。于是，葛乾孙给了她一丸药，命其服下。第二天，这女子竟然自己从坎中出来了。

究其原因，应是此女平日用香过度。香走脾，脾主肉，用香过度就伤了脾，继而伤了肉，因此四肢无力不能动，也不能吃饭。

这个医案倒是提醒了我们，任何事情都不能过分。现在很多人都提倡传统文化，本来是件好事，却出现了不好的倾向——卖茶的就让客人一天到晚喝茶，喝得一个个脸色发绿；卖香的就香气不断，甚至是单方香不断。殊不知，古人喝茶、品香，有始有终，有时有晌，这是他们的一种生活方式，每天必用，但有节制。因此，宋人崇尚清雅与山林之气，也是有一定的养生道理的。

微醺

国画大师齐白石也十分尊崇焚香作画的神奇作用。他说："观画，在香雾飘动中可以达到入神境界；作画，我也于香雾中做到似与不似之间，写意而能传神。"

香与酒有着异曲同工之妙。古人喝酒一是为了做药引子治病，二是为了作诗。酒是粮食的精华，是引经药，所以古人医病时会用到酒，医的繁体字（醫）中也有"酒"（酉，本义是酒器，引申指酒）。人在特别真实的时候很难有艺术灵感，只有在"虚"的状态下，灵感才会显现。香的作用与酒类似，也是引经药，也可以使人处于"虚"的状态，因此，古人弹琴、作画、看书、写文章时都会用到香。

香之养生、养性、养德

　　芳香气味在人类生活中扮演着非常重要
的角色，古人对于香气的认知远胜于现代人，
原因有三个。

　　第一，古人的嗅觉要比现代人灵敏。古
人多生活在自然环境中，空气清新，饮食味
道清淡，因此嗅觉与味觉都很灵敏。他们能
够感知不同气味在身体中运行的方式和路径，
停留在哪个部位。而现代人生活在空气污染
的环境中，化学香味充斥周围，日常餐饮以
肥甘厚味为主，因此嗅觉已经处于麻木状态。
别说感受气味运行的路径，即便是清浅的气
味都闻不到。

第二，古人长期受礼教浸润，已经将香置于生活中的重要部分，而且不同的节气用不同的香，不同的人选不同的香。香品在古代几乎是为每个人量身定制的。而现代人即便用香，恐怕也不如古人精细，有人甚至一年四季，一天二十四小时都只用同一款单品香。这与一年不分场合、不顾冷暖只穿同一件衣服，只吃同一种食物有什么区别？与古人相比，我们的香事文化、饮食文化、服饰文化是多么落后呀！

第三，古代的香料都是在自然环境中生长的，没有化学肥料，没有空气污染，生长时间长，气味要比现在的香料好，再经过繁复的炮制过程，香气温和不刺激，适合人们日常使用，甚至可以一整天不间断使用。而现在很多香品在制作工艺上不讲究，香料没有经过炮制，或者炮制不到位，也没有经过严格的窖藏，因此，香气刺激，太过浓郁，不适合长时间使用。

在生活中，香不仅可以养生，在养性、养德上也能起到非常重要的作用。

《黄帝内经》中记述，黄帝问岐伯："五脏应四时，各有收受乎？"岐伯回答："……中央黄色，入通于脾，开窍于口，藏精于脾，故病在舌本。其味甘，其类土，其畜牛，其谷稷，其应四时，上为镇星。是以知病之在肉也。其音宫，其数五，其臭香。"五气各有所主，唯香气凑脾，但过之则伤，脾胃和则体健，五脏和则本性安、德根坚，智慧生。

我们人类表现出来的有三种自我，第一就是这具肉身，是有形的，第二是本性，第三是深藏在内心深处的灵魂。也就是身心灵这三个层面。这三种自我要通过养生、养性、养德来获得满足。大自然的物质千千万，唯独香可以同时满足这三个层面的需求。

养生

养生原指道家通过各种方法颐养生命、增强体质、预防疾病，从而达到延年益寿目的的一种医事活动。

养生是一种综合的手段，包括饮食、起居、运动、美学、心理等诸多方面。《黄帝内经》中讲，春养生、夏养长、秋养收、冬养藏。如果要想健康，就得遵从四季规律，采用不同的养生方法。

用香养生是指，借助纯天然香料芳香化湿、疏经通络等功效，在生活中合理使用，以促进身体健康。

五行对应五脏六腑，也对应不同的气味。木对应肝、胆，臊；火对应心、小肠，焦；土对应脾、胃，香；金对应肺、大肠，腥；水对应肾、膀胱，腐。

从这种对应关系来看，中国古代兴旺了三千多年的和香用法是正确的。因为任何一种单品香都不可能具备如此多的性味。也就是说，任何一种单品香都是有偏性的，长期使用一定会出问题；亦或者说，任何一种单品香都不适合所有人用。只有严格按照性味归经，配制出来的和香，才可以走向市场，被大众接受、选择。

《遵生八笺》中记述："余录香方，惟取适用，近日都中所尚，鉴家称为奇品者录之。制合之法，贵得料精，则香馥而味有余韵，识嗅味者，知所择焉可也。"由此可见，高濂懂得取舍，懂得选择，任何好的东西只有用对，才能得到好的结果。

养性

养性是指，本性不受损害，通过自我反省、体察，使身心达到完美的境界。性是人或物自然具有的本质。《三字经》里讲："性相近，习相远。"性是先天就有的，习是后天形成的。我们要通过好的生活习惯保持最初的本性，因为任何一种情志方面的问题都会影响人的后天行为。

俗话说，"养生的最高境界是养心"，这里的"心"，并不是心脏，而是心性、本性。古人用茶、花、香这些雅文化颐养心性，真是再妙不过了！

人的本性是悠闲的，但是由于生存环境不同，每个人承受的生活压力也是不同的。在这些重压下，人的本性便受到了不同程度的摧残，很多人因此得了抑郁症、狂躁症等。而香可以调节人的情志，芳香分子可以起到舒缓神经的作用，疏经通络，使人的元神得以安定。情志稳定，五脏六腑才能健康。人的心性像一座桥梁，连接着可见的脏腑，以及看不见的藏在最深处的元神。

人最天真的本性源于居住在人体五脏中的神，它不受后天物质与教育的影响。这个理论来自中医学说，中医是道家思想的传承。《黄帝内经》里讲，人的五个脏器中都住着一个元神，肝里是魂，心里是神，脾里是义，肺里是魄，肾里是志。

香所通达的神灵之中，就有这些元神。说得更形象一些，气味其实就是身体内元神的食物，如果没有能量具足的气味，虽然人也能活着，却不能满足元神，它就不会为这个身体好好工作。中国有很多描述这样情景的成语，例如，心神不宁、魂飞魄散、神魂颠倒等。这些成语均说明，身体没有问题，而神出了问题，身心不在一起了，或者不同步了。如果身心合一，状态很好，就会说，心旷神怡、心驰神往、安神定魄等。

很多人情志出了问题，其实都是元神出了问题。很多香料都有安神的作用，这里的"神"就是指元神。打个比方，人相当于元神，房子相当于人体的五脏。如果房子安静、干净、鸟语花香，那么人住在这样的环境中就会很舒服；如果房子肮脏、喧嚣、臭气熏天，那么居住在这里的人就会想办法离开，当人去楼空后，也许还会有坏人进来，更加糟蹋这里的环境。香气可以把元神居住的环境治理好，元神就会安心地待在人的身体里，好好做它该做的事。元神舒服了，人的身体也就健康了。

养德

说到"德"，很多人肯定会想到"道德"。"道"是客观不变的，深入于万物中，独立于天地之间，是创造万物的原始动力。老子说："道生一，一生二，二生三，三生万物。"道是本体，德是功用；道为无极，德为太极。把本体与功用放在一起，即为道德。德离不开道，道却可以离开德，独立存在。

后世将其上升为行为准则和人文精神，并加以传播。但从本意上讲，道德就应该是一个人的心神所发自天真的行为。这里的"天真"并不是指单纯、不成熟，而是指本性的天真。本性的天真源于具足，具足即圆满；生命的痛苦源于缺失，因缺失而显示出阴阳。具足是太极般的完美，它无须借助任何外力，自身就是源泉。天真就是不修饰、不作为，从来都是本来面目。

所谓香可以养德，是指人在长期使用天然香的过程中，融入大自然，不用自己的主观意识去干扰客观规律，任其按照客观规律去发展。长此以往，万事按照宇宙大道去运行，岂有不成功之理。从寿命来说，人养好了德，便气化有序，可寿终正寝。

第
六
章

香　事

做个拥有优雅灵魂的现代人

最后我们以高濂的《遵生八笺》（燕闲
清赏笺）中的一段话结束这本书吧。

"幽闲者，物外高隐，坐语道德，焚之
可以清心悦性。恬雅者，四更残月，兴味萧骚，
焚之可以畅怀舒情。温润者，晴窗拓帖，挥
麈闲吟，篝灯夜读，焚以远避睡魔，谓古伴
月可也。佳丽者，红袖在侧，密语谈私，执
手拥炉，焚以熏心热意，谓古助情可也。蕴
藉者，坐雨闭关，午睡初足，就案学书，啜
茗味淡，一炉初爇，香霭馥馥撩人，更宜醉
筵醒客。高尚者，皓月清宵，冰弦戛指，长
啸空楼，苍山极目，未残炉爇，香雾隐隐绕帘，

又可祛邪辟秽。黄暖阁、黑暖阁、官香、纱帽香，俱宜爇之佛炉。聚仙香、百花香、苍术香、河南黑芸香，俱可焚于卧榻。客曰：'诸香同一焚也，何事多歧？'余曰：'幽趣各有分别，熏燎岂容概施？香僻甄藻，岂君所知？悟入香妙，嗅辨妍媸。曰余同心，当自得之。'一笑而解。"

古人将香事看得如此高洁，如此细腻。不同的人有不同的香生活，没有哪个好，哪个不好；各有各的好，各有各的妙。无论是品性高洁之人追求隐士用香，还是普通文人伴香读书，

第六章

香　事

抑或是佳人在侧闻香私语,都为各自的生活添上了美妙的一笔。

　　读古书、颂古诗、赏古画,我们都能从中了解古人的优雅生活。反观今人之生活,则略显粗鄙。一提起儒雅生活,很多人就会说,那需要钱;等有了钱,很多人又说,那得有时间;等有了钱,也有了时间,又有人说,没那份雅兴,多麻烦。

　　由此可见,像古人一样优雅生活,其实与外在条件没有太大的关系,而在于你先天的灵魂和后天的教育。一个优雅的灵魂无论在什么环境中,都能找到属于自己的雅致生活;一个受过良好传统教育的人,无时无刻不在享受着"琴棋书画诗酒茶花香"所带来的陶冶。再小的房间都能放得下一张小桌子,一只香炉、一壶茶、几本书,开启你的雅致生活;再没有时间,一天总有三分钟吧,用三分钟时间焚一炉香,随后做你要做的其他事。

　　香料是个俗物,摆在那里没什么价值,只是一片叶子、一根茎,或是一块朽木,不懂的人看都不愿意多看一眼。然而遇上懂香的人,境遇就不一样了,它们被视若珍宝,恰当合理地使用,成为通天结灵之物;再遇上文采出众的人,它们又被赋予了更多美好与超凡脱俗的品格。

　　香料是大自然的产物,香品是人类的创造,香事文化则是人类智慧的结晶。对于香料来说，你用或不用，它都在那里；你知道或不知道，它的作用都存在。它不会因为人类的无知而泯灭。但对于香品和香事文化来说，人类文明的发展可以创造它，亦可以毁灭它。三千多年前，我们的祖先创造了香事文化，历经岁月不断发展。我们不想看到如此灿烂的文化消失在我们这代人手里，不仅不能消失，还要继续发展，根植于所有人的生活中。

弘扬传统文化不是一句口号，而是每个人要践行的生活方式。燃一炉香，开启我们的香事生活，通过那氤氲缥缈的一缕青烟与古人对话。香事未了……